Wissenschaftliche Taschenbücher WTB

Mathematik · Physik

Kristallographische Grundbegriffe der Festkörperphysik

Akademie-Verlag · Berlin

WTB Wissenschaftliche Taschenbücher

WERNER HABERDITZL
Magnetochemie

A. A. SOKOLOW
Elementarteilchen

HEINZ AHRENS
Varianzanalyse

HANS-JÜRGEN TREDER
Relativität und Kosmos
Raum und Zeit in Physik, Astronomie und Kosmologie

ALBERT EINSTEIN
Grundzüge der Relativitätstheorie

ALBERT EINSTEIN
Über die spezielle und die allgemeine Relativitätstheorie

GÜNTHER LUDWIG
Wellenmechanik. Einführung und Originaltexte

HARRY PAUL
Lasertheorie, Teil I und II

FRANZ RUDOLF KESSLER
Einführung in die physikalischen Grundlagen der Kernenergiegewinnung

D. TER HAAR
Quantentheorie. Einführung und Originaltexte

J. H. SANDERS
Die Lichtgeschwindigkeit. Einführung und Originaltexte

JEAN KUNTZMANN
Unendliche Reihen
Mathematische Hilfsmittel der Physik und Chemie
Mit 94 Übungen und 29 Aufgaben

JEAN KUNTZMANN
Systeme von Differentialgleichungen
Mathematische Hilfsmittel der Physik und Chemie
Mit 88 Übungen und 40 Aufgaben

JEAN KUNTZMANN
Komplexe Veränderliche
Mathematische Hilfsmittel der Physik und Chemie
Mit 90 Übungen und 37 Aufgaben

FERDINAND CAP
Einführung in die Plasmaphysik
I. Theoretische Grundlagen

FERDINAND CAP
Einführung in die Plasmaphysik
II. Wellen und Instabilitäten

FERDINAND CAP
Einführung in die Plasmaphysik —
III. Magnetohydrodynamik

J. A. ROSANOW
Wahrscheinlichkeitstheorie

HARRY PFEIFER
Theorie linearer Bauelemente
Elektronik für den Physiker I

HARRY PFEIFER
Die Elektronenröhre
Elektronik für den Physiker II

HARRY PFEIFER
Schaltungen mit Elektronenröhren
Elektronik für den Physiker III

HARRY PFEIFER
Leitungen und Antennen
Elektronik für den Physiker IV

HARRY PFEIFER
Mikrowellenelektronik
Elektronik für den Physiker V

HARRY PFEIFER
Halbleiterelektronik
Elektronik für den Physiker VI

GERHARD HÜBNER / KLAUS JUNG / ECKART WINKLER
Die Rolle des Wassers in biologischen Systemen

STEPHEN G. BRUSH
Kinetische Theorie, Teil I und II
Einführung und Originaltexte

EBERHARD HOFMANN
Eiweiße und Nucleinsäuren als biologische Makromoleküle
Dynamische Biochemie, Teil I

EBERHARD HOFMANN
Enzyme und energieliefernde Stoffwechselreaktionen
Dynamische Biochemie, Teil II

EBERHARD HOFMANN
Intermediärstoffwechsel
Dynamische Biochemie, Teil III

EBERHARD HOFMANN
Grundlagen der Molekularbiologie und Regulation des Zellstoffwechsels
Dynamische Biochemie, Teil IV

HERBERT GOERING
Elementare Methoden zur Lösung von Differentialgleichungsproblemen

PETER KRUMBIEGEL
Isotopieeffekte

D. M. BRINK
Kernkräfte. Einführung und Originaltexte

DIETER ONKEN
Steroide
Zur Chemie und Anwendung

HEINZ GEILER
Ökologie der Land- und Süßwassertiere

ARTHUR F. CRACKNELL
Angewandte Gruppentheorie. Einführung und Originaltexte

DIETER KLAUA
Elementare Axiome der Mengenlehre

GÜNTER TEMBROCK
Grundlagen der Tierpsychologie

J. P. VINSON
Optische Kohärenz in der klassischen Theorie und in der Quantentheorie

W. R. HINDMARSH
Atomspektren. Einführung und Originaltexte

GÜNTER TEMBROCK
Biokommunikation
Informationsübertragung im biologischen Bereich
Teil I und II

ADOLF ZSCHUNKE
Kernmagnetische Resonanzspektroskopie in der organischen Chemie

DIETER MERKEL
Riechstoffe

JOHN CUNNINGHAM
Vektoren

GEORG DAUTCOURT
Relativistische Astrophysik

ERNST SCHMUTZER
Symmetrien und Erhaltungssätze der Physik

GERHARD LERCH
Pflanzenökologie

MICHAEL GÖSSEL
Angewandte Automatentheorie, Band I
Grundbegriffe

MICHAEL GÖSSEL
Angewandte Automatentheorie, Band II
Lineare Automaten und Schieberegister

HEINRICH KINDLER
Der Regelkreis. Eine Einführung

HANS BANDEMER / ANDREAS BELLMANN
WOLFHART JUNG / KLAUS RICHTER
Optimale Versuchsplanung

HARRY PAUL
Nichtlineare Optik, Teil I und II

A. R. KESSEL
Akustische Kernresonanz

WOLFRAM BRAUER / HANS-WALDEMAR STREITWOLF
Theoretische Grundlagen der Halbleiterphysik

EBERHARD TEUSCHER
Pharmakognosie, Teil I und II

DIETER KLAUA
Grundbegriffe der axiomatischen Mengenlehre, Teil I und II

JOACHIM NITSCHMANN
Entwicklung bei Mensch und Tier

DIETRICH BENDER / ERNST-EGON PIPPIG
Einheiten, Maßsysteme, SI

E. G. GOLSTEIN
Konvexe Optimierung. Die Elemente der Theorie

HELMUT FRIEMEL / JOSEF BROCK
Grundlagen der Immunologie

SIEGFRIED HAUPTMANN
Über den Ablauf organisch-chemischer Reaktionen

R. A. R. TRICKER
Frühe Elektrodynamik

A. S. SONIN / B. A. STRUKOW
Ferroelektrizität

L. A. SKORNJAKOW
Elemente der Verbandstheorie

HANS-MARTIN BARCHET
Chemie photographischer Prozesse

KONRAD KREHER
Festkörperphysik

N. D. SHEWANDROW
Polarisation des Lichtes

DIETER KLAUA
Kardinal- und Ordinalzahlen, Teil 1 und 2

A. A. SMIRNOW
Metallphysik

VOLKER KEMPE
Theorie stochastischer Systeme

ROLF BORSDORF / MANFRED SCHOLZ
Spektroskopische Methoden in der organischen Chemie

KLAUS ODENING
Parasitismus. Grundfragen und Grundbegriffe

WOLFGANG PAULI
Vierpoltheorie und ihre Anwendung auf elektrische Schaltungen

R. A. R. TRICKER
Die Beiträge von Faraday und Maxwell zur Elektrodynamik

HANS DAWCZYNSKI
Temperaturbeständige Faserstoffe aus organischen Polymeren

HANS DAWCZYNSKI
Temperaturbeständige Faserstoffe aus anorganischen Polymeren

GERALD WOLF
Neurobiologie

HORST KEHLEN / FRANK KUSCHEL / HORST SACKMANN
Grundlagen der chemischen Kinetik

HANS BERGNER
Tierernährung

MARTIN SCHMIDT
Pflanzenschutz im Gartenbau

ULRICH SEDLAG
Biologische Schädlingsbekämpfung

WOLFGANG WAGNER
Chemische Thermodynamik

HANNELORE FISCHER / JOACHIM PIEHLER
Modellsysteme der Operationsforschung

MICHAEL GÖSSEL
Wahrscheinlichkeitsautomaten und Zufallsfolgen

HANS-JÜRGEN TREDER
Elementare Kosmologie

P. PAUFLER / D. LEUSCHNER
Kristallographische Grundbegriffe der Festkörperphysik

Vorschau auf die nächsten Bände:

PAUL HOFFMANN
Photosynthese

WOLFGANG MEILING
Kernphysikalische Elektronik

W. DÖPKE
Stereochemie organischer Verbindungen

WTB

BAND 156

P. Paufler / D. Leuschner

Kristallographische Grundbegriffe der Festkörperphysik

Mit 77 Abbildungen und 21 Tabellen

AKADEMIE-VERLAG · BERLIN

Reihe MATHEMATIK UND PHYSIK

Verfasser:

Doz. Dr. sc. nat. Peter Paufler

Sektion Physik der Technischen Universität Dresden

Dr. rer. nat. Dieter Leuschner

Akademie der Landwirtschaftswissenschaften der DDR
Institut für Obstforschung Dresden-Pillnitz

1975

Erschienen im Akademie-Verlag, 108 Berlin, Leipziger Str. 3—4

Lizenznummer: 202 · 100/437/75
Herstellung: VEB Druckhaus „Maxim Gorki“, 74 Altenburg
Bestellnummer: 762 000 4 (7156) · LSV 1184
Printed in GDR
EVP 8,—

Inhaltsverzeichnis

Vorwort 7

0. Vorbemerkungen 8

1. Geometrische Beschreibung des Kristallgitters . . . 9
1.1. Vektordarstellung des Gitters 9
1.1.1. Elementarzelle 9
1.1.2. Beschreibung rationaler Kristalleigenschaften . . . 23
1.1.2.1. Gitterpunkte 23
1.1.2.2. Gittergeraden 24
1.1.2.3. Netzebenen 27
1.1.2.4. Zonen und Zonenachsen 31
1.2. Reziprokes Gitter 32
1.2.1. Definition 32
1.2.2. Geometrische Eigenschaften des reziproken Gitters . 33
1.2.3. Anwendung des reziproken Gitters bei geometrischen Rechnungen im Raumgitter 37
1.2.3.1. Berechnung von Netzebenenabständen 37
1.2.3.2. Winkel zwischen zwei Netzebenen 38
1.2.3.3. Vektorprodukt zweier Raumgittervektoren 38
1.2.3.4. Zonen 38
1.2.3.5. Zahl der Gitterpunkte in der Elementarzelle 39
1.2.3.6. Belegungsdichte von Netzebenen 40
1.2.4. Anwendung des reziproken Gitters auf einige physikalische Probleme 40
1.2.4.1. Fourier-Entwicklung periodischer Funktionen . . . 40
1.2.4.2. Interferenzen am Kristallgitter 41
1.2.4.3. Brillouin-Zonen 45
1.2.5. Der Sonderfall des hexagonalen Gitters 47
1.2.5.1. Gittergeraden 49
1.2.5.2. Netzebenen 51
1.3. Koordinatentransformation 53

2. Symmetrieeigenschaften des Gitters 55
2.1. Symmetrieoperationen 56
2.2. Symmetrieelemente 56
2.2.1. Translation 57
2.2.2. Drehachse 57
2.2.3. Drehinversionsachse 60
2.2.4. Schraubenachse 63
2.2.5. Gleitspiegelebene 65
2.2.6. Antisymmetrieelement 67
2.3. Stereographische Projektion 68
2.4. Kombination von Symmetrieelementen 71
2.4.1. Kombination von Drehachsen und Drehinversionsachsen (Punktgruppen) 71
2.4.2. Kombination aller (nichtantisymmetrischer) Symmetrieelemente (Raumgruppen) 77
2.4.3. Einbeziehung des Antisymmetrieelements (Heesch-Schubnikov-Klassen und -Gruppen) 80
2.5. Kristallsysteme 84

3. Ungestörte Kristallstrukturen 84
3.1. Strukturbegriff 85
3.2. Gitterkomplex 86
3.3. Koordinationspolyeder 93
3.3.1. Geometrie der Koordinationspolyeder 93
3.3.2. Koordinationszahl 99
3.3.3. Atomgrößen, Kugelpackungen 101
3.4. Strukturtypen 108
3.5. Bauzusammenhänge oder -verbände 123
3.6. Symmetriegruppen- und Strukturtabellen 124
3.6.1. Symmetriegruppendarstellungen 125
3.6.2. Tabellen mit Angaben zur Kristallstruktur 125

4. Störungen der Kristallstruktur 126
4.1. Nulldimensionale Fehlordnung 127
4.1.1. Atomare Punktfehler 128
4.1.2. Elektronische Störstellen 132
4.1.3. Energetische Störungen 133
4.2. Eindimensionale Fehlordnung 134
4.2.1. Kristallversetzungen 135
4.2.2. Disklinationen 137
4.3. Zweidimensionale Fehlordnung 139
4.3.1. Freie Oberflächen 139

4.3.2. Korngrenzen 140
4.3.3. Phasengrenzen 142
4.3.4. Stapelfehler 144
4.3.5. Antiphasengrenzen 146
4.4. Dreidimensionale Fehlordnung 148
4.5. Struktur amorpher Festkörper 148

Literaturhinweise 151

Quellennachweis zu den Abbildungen 155

Sachverzeichnis 158

Vorwort

Gewöhnlich muß sich der angehende Physiker, Werkstoffwissenschaftler oder Chemiker die kristallographischen Grundlagen seiner Spezialisierungsrichtung ohne Hilfe ausführlicher Lehrveranstaltungen zu diesem Thema selbst erarbeiten.

Das vorliegende Taschenbuch kann dabei zur Einfühtung dienen. Es enthält eine Zusammenstellung und Erläurerung elementarer kristallographischer und verwandter kristallchemischer Begriffe, die zur Beschreibung des Festkörpers verwendet werden und deren Kenntnis weiterführende Studien ermöglicht. Die Betrachtung beschränkt sich auf den Festkörper ohne Einwirkung äußerer Felder.

Die folgende Darstellung baut auf Erfahrungen im Lehrbetrieb an der Technischen Universität Dresden auf. Gruppentheoretische Hilfsmittel wurden mit Rücksicht auf den breiten Leserkreis nicht verwendet. Dagegen werden Grundkenntnisse der Vektor- und Matrixalgebra vorausgesetzt.

Herrn Prof. Dr. Gustav E. R. Schulze sind wir für die Einführung in dieses Gebiet und für die kritische Durchsicht des Manuskripts sehr zu Dank verpflichtet. Er hat das Erscheinen des Büchleins leider nicht mehr erlebt. Daher ist es für uns in besonderem Maße ein Andenken an ihn.

An der technischen Herstellung des Manuskripts haben Frau Gisela Leuschner, Frau Christa Myrczik und Fräulein Christel Arndt wesentlichen Anteil, für den wir ihnen an dieser Stelle ebenfalls danken.

P. Paufler, D. Leuschner

0. Vorbemerkungen

Interferenzen mit Röntgenstrahlen (v. LAUE 1912) und später auch solche mit Elektronen, Neutronen, Protonen u. a. erbrachten den endgültigen Nachweis, daß die Mehrzahl der Festkörper *Kristalle* sind. Ihr wesentliches Merkmal ist eine regelmäßige Verteilung der Atomkerne und Elektronen, die *Kristallstruktur*.

Für die meisten physikalischen Eigenschaften hat die Existenz dieser Ordnung eine Richtungsabhängigkeit zur Folge und ist auch für das Verständnis des Absolutwertes physikalischer Kenngrößen entscheidend. Die regelmäßige äußere Form (Habitus) bekannter Minerale — Untersuchungsobjekt der Kristallmorphologie — ist nicht nur ein augenfälliges Beispiel für die Wirkung auf das Wachstum dieser Kristalle, sondern auch ein Beleg für die innere Symmetrie der Kristallstruktur.

Wird von den Störungen der Kristallstruktur abstrahiert,[1]) spricht man von der *Idealstruktur* des Kristalls. Sie soll als Grenzfall des schwach gestörten Kristalls zuerst besprochen werden. Unter ihren Symmetrieeigenschaften hat für physikalische Betrachtungen die Translationssymmetrie die weitreichendsten Konsequenzen. Sie bedeutet, daß jede Struktureinheit (z. B. Atomkern, Ion oder Molekül) durch Verschiebung um einen Vektor beliebig oft mit einer gleichen zur Deckung gebracht werden kann. Diese Eigenschaft wird benutzt, um eine übersichtliche geometrische Darstellung der idealen Kristallstruktur zu erhalten, das *Kristallgitter*.[2])

---

[1]) Auch die Oberfläche ist eine Störung in diesem Sinne (vgl. Teil 4).

[2]) Oft wird zwischen *Struktur* und *Gitter* nicht unterschieden. Im folgenden wollen wir die Vorteile nutzen, die eine solche begriffliche Trennung bietet.

In den Teilen 1 und 2 geben wir eine Zusammenstellung der wichtigsten geometrischen Eigenschaften der Kristallgitter, in Teil 3 gehen wir auf die Beschreibung und Eigenschaften von Strukturen ein und in Teil 4 schließlich werden die Abweichungen von der Idealstruktur hinsichtlich ihrer geometrischen Konsequenzen besprochen. Damit sind die Grundlagen für das Verständnis des Kristalls als anisotropes Diskontinuum bereitgestellt.

1. Geometrische Beschreibung des Kristallgitters

1.1. Vektordarstellung des Gitters

1.1.1. Elementarzelle

Wird in einer beliebigen experimentell ermittelten räumlichen Kristallstruktur ein periodisch wiederholtes Motiv (Gruppe von Ionen, Moleküle, auch einzelne Ionen oder Atome) derart durch einen Punkt ersetzt, daß sich eine Anordnung mit für jeden Punkt identischerUmgebung ergibt — erhält man das Kristallgitter oder kurz Gitter der Kristallstruktur. Das Gitter ist also eine geometrische Abstraktion. Besteht das Motiv aus mehr als einem Atom, heißt es *Basis* des Gitters.

Ein Beispiel für das Vorgehen ist an einer speziellen Ebene einer Kristallstruktur in Abb. 1.1 gezeigt. Nach A. Bravais sind alle denkbaren Strukturen durch eines von insgesamt 14 verschiedenen Gittern darstellbar. Daher nennt mant diese auch Bravais-*Gitter* (vgl. Abb. 1.3). Auf ihre Ableitung müssen wir hier verzichten.

Die grundlegende Symmetrieeigenschaft[1]) des Gitters und damit auch der Struktur ist die Invarianz gegen Translation in jeder Richtung (*Translationsgitter*), die mindestens zwei Gitterpunkte miteinander verbindet. Dabei ist unendliche Ausdehnung eines idealen Kristalls vorausgesetzt.

---

[1]) Zu weiteren Symmetrieeigenschaften vgl. Teil 2.

Der Raum, den das Gitter erfüllt, ist infolge der Translationssymmetrie mit einem natürlichen Koordinatensystem versehen, das zweckmäßigerweise zur Beschreibung der Lage eines Gitterpunktes benutzt wird. Vektoren

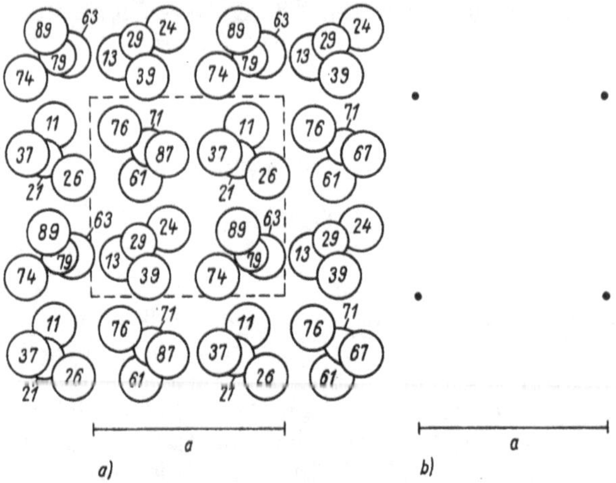

Abb. 1.1. Ausschnitt aus der Struktur von festem NH_3 (nach WYCKOFF) (a) wobei jeder Kreismittelpunkt die Gleichgewichtslage eines Atomkerns darstellt. Die größeren Kreise bedeuten Wasserstoff. Die Zahlen sind Koordinatenwerte senkrecht zur Bildebene in Hundertsteln der Länge $a = 5{,}138 \cdot 10^{-10}$ m (bei $-102\,°C$). Die räumliche Zuordnung von Gitterpunkt und Basis ist willkürlich vorgebbar.
In (b) sind die zugehörigen Gitterpunkte wiedergegeben, von denen jeder 4 Moleküle NH_3 repräsentiert.

sind auf Grund ihrer Definition für die quantitative Festlegung der Translation besonders geeignet. Es seien $\boldsymbol{a}_1, \boldsymbol{a}_2, \boldsymbol{a}_3$[1]) drei nichtkomplanare Vektoren, die nach Betrag und Richtung die Translation von einem Gitterpunkt zum nächsten entlang dreier verschiedener Punktreihen darstellen. Dann beschreibt der Vektor

$$\boldsymbol{R} = u\boldsymbol{a}_1 + v\boldsymbol{a}_2 + w\boldsymbol{a}_3 \tag{1.1}$$

[1]) Mitunter konventionell auch mit $\boldsymbol{a}, \boldsymbol{b}, \boldsymbol{c}$ bezeichnet.

auch die Lage anderer, nicht auf den genannten Punktreihen liegenden Gitterpunkte in bezug auf einen willkürlich als Ursprung des Koordinatensystems ausgewählten. Die Vektoren $\boldsymbol{a}_i$ können so festgelegt werden, daß alle Gitterpunkte mit ganzzahligen u, v, w beschreibbar sind.

Man wähle z. B. die $\boldsymbol{a}_i$ so, daß $\boldsymbol{a}_1$ gleich dem kürzesten (oder gleich einem unter mehreren gleich kurzen) Abstand im Gitter, $\boldsymbol{a}_2$ gleich dem kürzesten Vektor, der nicht parallel zu $\boldsymbol{a}_1$ liegt und $\boldsymbol{a}_3$ gleich dem kürzesten, der nicht komplanar zu $\boldsymbol{a}_1$ und $\boldsymbol{a}_2$ ist. Dieses Vorgehen ist, wie sich weiter unten zeigt, nicht immer zweckmäßig, besonders wenn die $\boldsymbol{a}_i$ nicht orthogonal sind.
Die u, v, w sind also i. allg. rationale[1]) Brüche.

Das von den Vektoren $\boldsymbol{a}_1$, $\boldsymbol{a}_2$, $\boldsymbol{a}_3$ aufgespannte Parallelepiped heißt *Elementarzelle* des Gitters, da aus ihm das gesamte Kristallgitter durch periodische Wiederholung dargestellt werden kann. Obwohl die Wahl der $\boldsymbol{a}_i$ willkürlich erfolgen kann (vgl. Abb. 1.2), wird aus Gründen der Zweckmäßigkeit (Orthogonalität der $\boldsymbol{a}_i$, Übereinstim-

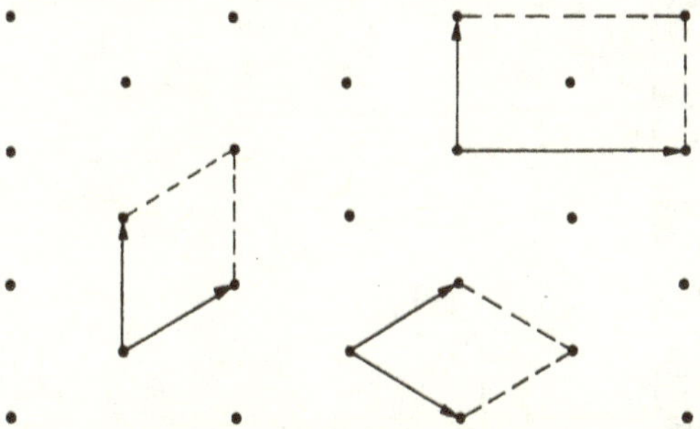

Abb. 1.2. Verschiedene Wahl der Elementarzelle in einem Flächengitter.

mung von Symmetrieelementen — vgl. Kap. 2.5 — mit den $\boldsymbol{a}_i$) und Konvention international einheitlich die in Abb. 1.3 für alle 14 Bravais-Gitter eingezeichnete bevorzugt. Koordinatenursprung ist jeweils ein Gitterpunkt.

---

[1]) Wegen der Rationalität vgl. Abschn. 1.1.2.

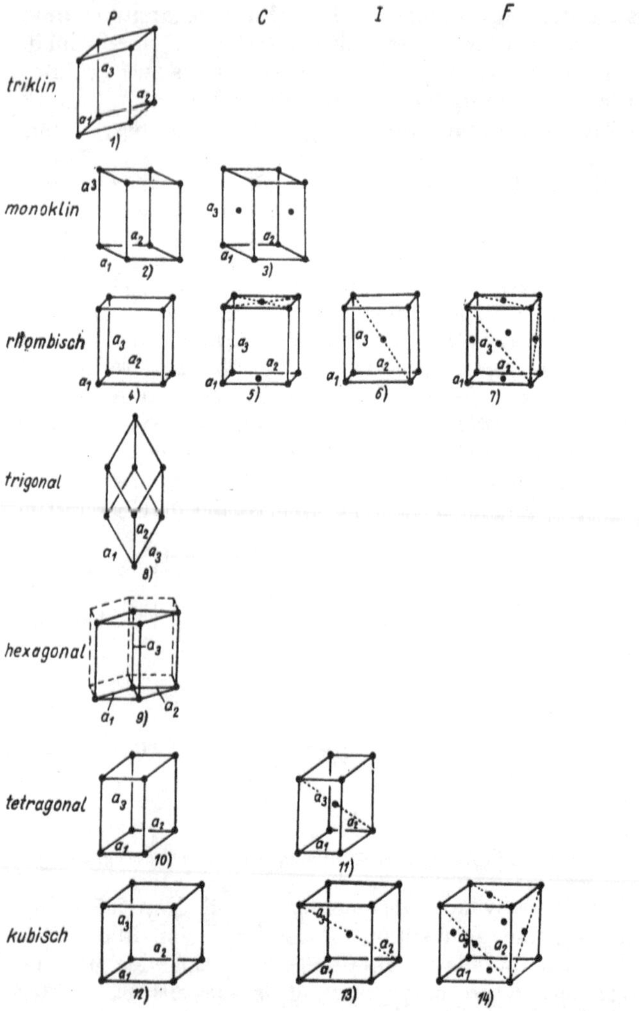

Abb. 1.3. Konventionelle Elementarzellen der 14 BRAVAIS-Gitter. Die Symbole *P*, *C*, *I* und *F* bedeuten primitive, einseitig-flächenzentrierte, innenzentrierte und allseitig-flächenzentrierte Elementarzelle.

Tabelle 1
Konventionelle Vektortripel $\boldsymbol{a}_i$ für die 14 BRAVAIS-Gitter[1])

BRAVAIS-Gitter	Beträge der Basisvektoren[2])			Winkel zwischen den Basisvektoren[3])			Gitterpunktdichte
	a_1	a_2	a_3	$\sphericalangle(\boldsymbol{a}_1, \boldsymbol{a}_2)$	$\sphericalangle(\boldsymbol{a}_2, \boldsymbol{a}_3)$	$\sphericalangle(\boldsymbol{a}_3, \boldsymbol{a}_1)$	ϱ_{GP}
1 einfach-triklin	a	b	c	$\alpha_{12} \equiv \gamma$	$\alpha_{23} \equiv \alpha$	$\alpha_{31} \equiv \beta$	$1/V$[6])
2 einfach-monoklin[4])	a	b	c	$\alpha_{12} \equiv \gamma$	$\frac{\pi}{2}$	$\frac{\pi}{2}$	$\frac{1}{abc \sin \gamma}$
3 monoklin-einseitig flächenztr.							$\frac{2}{abc \sin \gamma}$
4 einfach-rhombisch	a	b	c	$\frac{\pi}{2}$	$\frac{\pi}{2}$	$\frac{\pi}{2}$	$\frac{1}{abc}$
5 rhombisch-einseitig flächenztr.							$\frac{2}{abc}$
6 rhombisch-raumztr.							$\frac{2}{abc}$
7 rhombisch-allseitig flächenztr.							$\frac{4}{abc}$
8 trigonal[5])	a	a	a	$\alpha_{12} \equiv \alpha$	$\alpha_{23} \equiv \alpha$	$\alpha_{31} \equiv \alpha$	$\frac{1}{a^3(1 - 3\cos^2\alpha + 2\cos^3\alpha)^{1/2}}$
9 hexagonal	a	a	c	$\frac{2}{3}\pi$	$\frac{\pi}{2}$	$\frac{\pi}{2}$	$\frac{2}{\sqrt{3}\,a^2c}$

Tabelle 1 (Fortsetzung)

BRAVAIS-Gitter	Beträge der Basisvektoren a_1	a_2	a_3	Winkel zwischen den Basisvektoren $\sphericalangle(\boldsymbol{a}_1, \boldsymbol{a}_2)$	$\sphericalangle(\boldsymbol{a}_2, \boldsymbol{a}_3)$	$\sphericalangle(\boldsymbol{a}_3, \boldsymbol{a}_1)$	Gitterpunktdichte ϱ_{GP}
10 einfach-tetragonal	a	a	c	$\frac{\pi}{2}$	$\frac{\pi}{2}$	$\frac{\pi}{2}$	$\frac{1}{a^2c}$
11 tetragonal-raumztr.							$\frac{2}{a^2c}$
12 einfach-kubisch	a	a	a	$\frac{\pi}{2}$	$\frac{\pi}{2}$	$\frac{\pi}{2}$	$\frac{1}{a^3}$
13 kubisch-raumztr.							$\frac{2}{a^3}$
14 kubisch-flächenztr.							$\frac{4}{a^3}$

[1]) Vgl. dazu Abb. 1.3.

[2]) Die Angabe $a_1 = a$, $a_2 = b$, $a_3 = c$ bedeutet, daß alle drei Beträge aus Symmetriegründen verschieden sind. Zufällige Gleichheit, z. B. bei einer bestimmten Temperatur, ist nicht ausgeschlossen.

[3]) Die Angabe eines allgemeinen Winkels bedeutet, daß er keinen ausgezeichneten Wert besitzt und für verschiedene in diesem Gitter kristallisierende Substanzen verschieden sein kann.

[4]) Teilweise wird auch die sog. 2. Aufstellung mit $\sphericalangle(\boldsymbol{a}_3, \boldsymbol{a}_1) = \beta$ und $\sphericalangle(\boldsymbol{a}_1, \boldsymbol{a}_2) = \sphericalangle(\boldsymbol{a}_2, \boldsymbol{a}_3) = \frac{\pi}{2}$ verwendet. (vgl. Abb. 2.12, S. 81)

[5]) Neben dem hier benutzten rhomboedrischen Koordinatensystem wird das Gitter mitunter auch im hexagonalen beschrieben. Die Relation beider zueinander ist aus Abb. 1.20A zu ersehen.

[6]) $V = abc\,\{1 + 2\cos\alpha\cos\beta\cos\gamma - \cos^2\alpha - \cos^2\beta - \cos^2\gamma\}^{1/2}$.

Aus Tab. 1 sind die Längen a_i und Winkel α_{ik} der Vektoren $\boldsymbol{a}_i$ mit den dafür üblichen Bezeichnungen zu entnehmen. Unterschiedliche kristalline Phasen mit gleichem Gitter (gleicher oder verschiedener Struktur) unterscheiden sich bei gleicher Wahl der $\boldsymbol{a}_i/a_i$ im allgemeinen noch durch die Beträge der $\boldsymbol{a}_i$, die sog. *Gitterkonstanten*, und/oder durch die Winkel zwischen den $\boldsymbol{a}_i$, die in Tab. 1 mit α_{ik} bezeichnet sind.

Das Volumen der Elementarzelle beträgt

$$V = \boldsymbol{a}_1 \cdot (\boldsymbol{a}_2 \times \boldsymbol{a}_3) = \det \mathbf{A}, \tag{1.2}$$

wo die Matrix $\mathbf{A} = \{A_{ik}\} = \{a_{ki}\}$ aus den Komponenten a_{ik} der Vektoren $\boldsymbol{a}_i$ bezüglich eines kartesischen Koordinatensystems $\boldsymbol{e}_k$ gemäß $\boldsymbol{a}_i = \sum_{k=1}^{3} a_{ik}\boldsymbol{e}_k$ gebildet wird. Für ein Rechtssystem der Vektoren $\boldsymbol{a}_i$ ist $V > 0$, für ein Linkssystem wird $V < 0$. Wir benutzen im folgenden das Rechtssystem.

Die Zahl der Gitterpunkte in der Elementarzelle n_{EZ} ist mit der für ein gegebenes Gitter konstanten Dichte der Gitterpunkte ϱ_{GP} nach $n_{EZ} = \varrho_{GP} V$ verknüpft. Zwischen ϱ_{GP} und der Massendichte des Idealkristalls ϱ_{IK} besteht der Zusammenhang $\varrho_{IK} = \varrho_{GP} \cdot m_M$, wo m_M die Masse des durch einen Gitterpunkt repräsentierten Strukturmotivs ist.

Werden die $\boldsymbol{a}_i$ so gewählt, daß $\varrho_{GP} = 1/V$, heißen die Elementarzelle und das Vektortripel $\boldsymbol{a}_i$ *primitiv*. In diesem Falle enthält die Elementarzelle einen Gitterpunkt. Bei der Abzählung ist zu beachten, daß in den Begrenzungsflächen liegende Gitterpunkte der betrachteten Zelle nur anteilig zuzurechnen sind, Punkte in den Ecken einer Zelle, wie in Abb. 1.4 zum Beispiel, gleichermaßen acht Zellen angehören und daher nur je zu einem Achtel gezählt werden dürfen.

Wegen der schon erwähnten Willkür in der Wahl der *Basisvektoren* der Elementarzelle seien anstelle des *primitiven* Tripels $\boldsymbol{a}_k'$ andere Gittervektoren $\boldsymbol{a}_i$ zur Begrenzung herangezogen, die sich nach Gl. (1.1) als Linearkombinationen mit ganzzahligen Koeffizienten ν_{ik} gemäß

$$\boldsymbol{a}_i = \sum_{k=1}^{3} \nu_{ik} \boldsymbol{a}_k', \qquad i = 1, 2, 3 \tag{1.3}$$

darstellen lassen müssen.

Für das Volumen der neuen Elementarzelle gilt wieder (1.2), d. h. mit (1.3) wird

$$\begin{aligned} V_{\boldsymbol{a}_i} &= \boldsymbol{a}_1 \cdot (\boldsymbol{a}_2 \times \boldsymbol{a}_3) = \begin{vmatrix} \nu_{11} & \nu_{12} & \nu_{13} \\ \nu_{21} & \nu_{22} & \nu_{23} \\ \nu_{31} & \nu_{32} & \nu_{33} \end{vmatrix} \boldsymbol{a}_1' \cdot (\boldsymbol{a}_2' \times \boldsymbol{a}_3') \\ &= \det \boldsymbol{\nu} \cdot V_{\boldsymbol{a}_k'}, \end{aligned} \tag{1.4}$$

wobei $\det \boldsymbol{\nu} \equiv \det \{\nu_{ik}\} \equiv \|\nu_{ik}\|$ die Determinante der ganzzahligen Koeffizienten ν_{ik} ist. Falls nun $\det \boldsymbol{\nu} = \pm 1$,[1][2]

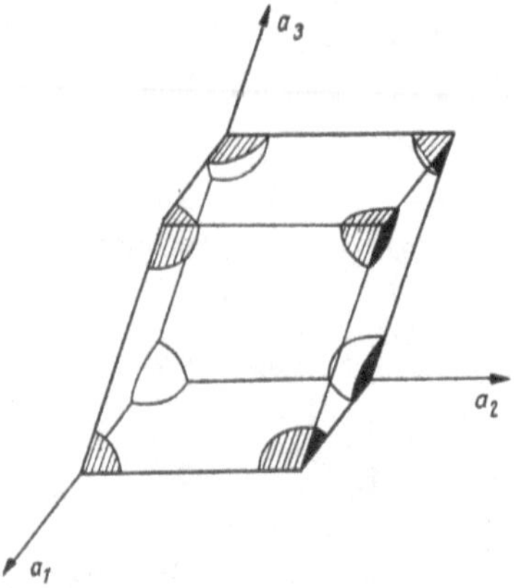

Abb. 1.4. Anteilige Zugehörigkeit der Eckpunkte zur Elementarzelle

(d. h. $V_{\boldsymbol{a}_i} = V_{\boldsymbol{a}_k'}$), ist die neue Elementarzelle wegen der Konstanz der Gitterpunktdichte ϱ_{GP} ebenfalls primitiv.

---

[1]) Negatives Vorzeichen bedeutet Übergang vom Rechts- zum Linkssystem oder umgekehrt.

[2]) Die Bedingung ist notwendig und hinreichend (vgl. z. B. G. H. WANNIER, Elements of Solid State Theory, Cambridge 1960, S. 6).

Allgemein ist

$$\det\{\nu_{ik}\} = \pm N. \tag{1.5}$$

Besitzt die Determinante in (1.4) einen Wert $\pm N$ ($|N| \geq 1$, ganz[1])), dann enthält die Elementarzelle der $\boldsymbol{a}_i$ ($i = 1, 2, 3$) $N = n_{EZ}$ Gitterpunkte, da der Volumenbedarf pro Gitterpunkt nicht von der Koordinatenwahl abhängt. Das Bezugssystem $\boldsymbol{a}_k'$ in (1.3) muß dabei primitiv gewählt werden. Abb. 1.5 enthält eine mögliche Wahl

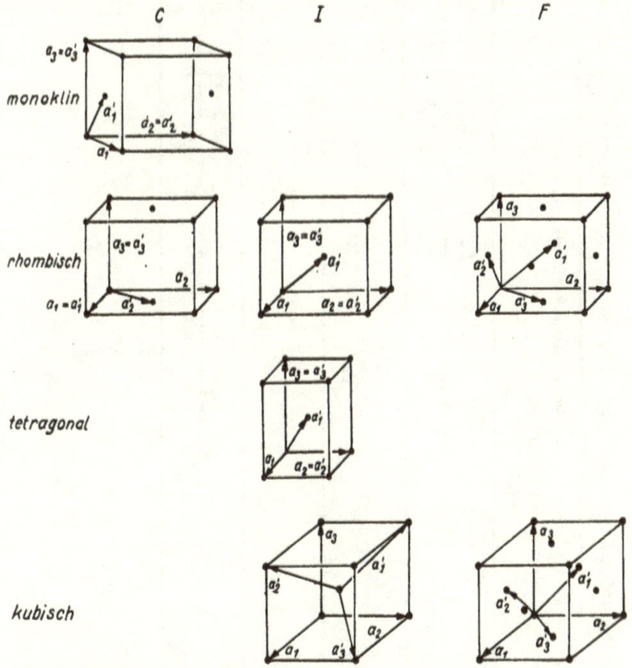

Abb. 1.5. Wahl primitiver $\boldsymbol{a}_k'$ in den 7 konventionell nichtprimitiven BRAVAIS-Gittern

1) Da die Gesamtzahl der Gitterpunkte (zwar beliebig groß, aber) ganz ist, muß auch die Zahl der Gitterpunkte pro Elementarzelle ganz sein.

Tabelle 2
Wahl primitiver Elementarzellen zu den 7 konventionell nichtprimitiven BRAVAIS-Gittern der Abb. 1.5

BRAVAIS-Gitter	Beträge der Basisvektoren[2]) a_1'	a_2'	a_3'	Winkel zwischen den Basisvektoren $\sphericalangle(\boldsymbol{a}_1', \boldsymbol{a}_2')$	$\sphericalangle(\boldsymbol{a}_2', \boldsymbol{a}_3')$	$\sphericalangle(\boldsymbol{a}_3', \boldsymbol{a}_1')$	Transformationsmatrix $\{\nu_{ik}\}$[1])
3 monoklin einseitig flächenzentriert	a	b	c	$\alpha_{12}' = \gamma$	$\frac{\pi}{2}$	$\arccos\left(\frac{c}{2a}\right)$	$\begin{pmatrix} 2 & 0 & \bar{1} \\ 0 & 1 & 0 \\ 0 & 0 & 1 \end{pmatrix}$
5 rhombisch einseitig flächenzentriert	a	b	c	$\arccos\left(\frac{a}{2b}\right)$	$\frac{\pi}{2}$	$\frac{\pi}{2}$	$\begin{pmatrix} 1 & 0 & 0 \\ \bar{1} & 2 & 0 \\ 0 & 0 & 1 \end{pmatrix}$
6 rhombisch raumzentriert	a	b	c	$\arccos\left(\frac{b}{2a}\right)$	$\frac{\pi}{2}$	$\arccos\left(\frac{c}{2a}\right)$	$\begin{pmatrix} 2 & \bar{1} & \bar{1} \\ 0 & 1 & 0 \\ 0 & 0 & 1 \end{pmatrix}$
7 rhombisch allseitig flächenzentriert	a	b	c	$\arccos\left(\frac{a^2 + b^2 - c^2}{2ab}\right)$	$\arccos\left(\frac{b^2 + c^2 - a^2}{2bc}\right)$	$\arccos\left(\frac{c^2 + a^2 - b^2}{2ca}\right)$	$\begin{pmatrix} \bar{1} & 1 & 1 \\ 1 & \bar{1} & 1 \\ 1 & 1 & \bar{1} \end{pmatrix}$
11 tetragonal raumzentriert	a $4a^2 = 2b^2 + c^2$	b	c	$\arccos\left(\frac{b}{2a}\right)$	$\frac{\pi}{2}$	$\arccos\left(\frac{c}{2a}\right)$	$\begin{pmatrix} 2 & \bar{1} & \bar{1} \\ 0 & 1 & 0 \\ 0 & 0 & 1 \end{pmatrix}$

Tabelle 2 (Fortsetzung)

Bravais-Gitter	Beträge der Basisvektoren a_1'	a_2'	a_3'	Winkel zwischen den Basisvektoren $\sphericalangle(a_1', a_2')$	$\sphericalangle(a_2', a_3')$	$\sphericalangle(a_3', a_1')$	Transformations-matrix $\{\nu_{ik}\}$
13 kubisch raumzentriert	a	a	a	$\arccos\left(-\frac{1}{3}\right) = 109°28'$	$\arccos\left(-\frac{1}{3}\right) = 109°28'$	$\arccos\left(-\frac{1}{3}\right) = 109°28'$	$\begin{pmatrix} 0 & 1 & 1 \\ 1 & 0 & 1 \\ 1 & 1 & 0 \end{pmatrix}$
14 kubisch flächenzentriert	a	a	a	$\frac{\pi}{3}$	$\frac{\pi}{3}$	$\frac{\pi}{3}$	$\begin{pmatrix} \bar{1} & 1 & 1 \\ 1 & \bar{1} & 1 \\ 1 & 1 & \bar{1} \end{pmatrix}$

[1]) negative Vorzeichen werden durch einen Strich über der Zahl wiedergegeben

[2]) Die Größen a, b, c sind i. allg. verschieden von den konventionellen der Tab. 1

primitiver $\boldsymbol{a}_k'$ für die übrigen Bravais-Gitter, und in Tab. 2 sind die Matrizen $\{\nu_{ik}\}$ für die *Transformation* auf Koordinaten der konventionellen Darstellung (vgl. Abb. 1.3 und 1.5) zusammengestellt.

Selbst primitive Elementarzellen können für ein vorgegebenes Gitter beliebig viele verschiedene angegeben werden. Abbildung 1.6 illustriert das an einem zweidimensionalen Beispiel. *Ein* Basisvektor, z. B. $\boldsymbol{a}_1'$, ist frei wählbar bis auf die Bedingung,

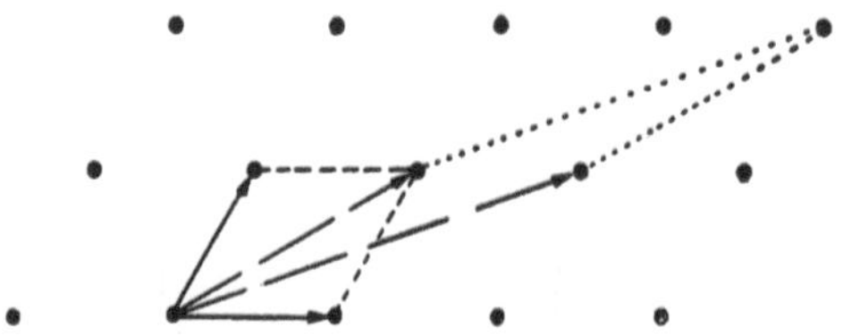

Abb. 1.6. Verschiedene Wahl der primitiven Zelle eines zweidimensionalen Gitters

der kürzeste in seiner eigenen Richtung zu sein. Zwei der Vektoren, z. B. $\boldsymbol{a}_1'$ und $\boldsymbol{a}_2'$, sind insofern frei, als sie eine beliebige Gitterebene aufspannen können.

Die in Abb. 1.3 angegebenen Elementarzellen enthalten Gitterpunkte in den Ecken und z. T. in den Begrenzungsflächen. Oft ist es zweckmäßig, auch von der freien Wahl des Koordinatenursprungs der $\boldsymbol{a}_k'$ Gebrauch zu machen. Auf diese Weise können weitere Symmetrieeigenschaften des Gitters (z. B. Rotationssymmetrie, vgl. Kap. 2.2) schon in der primitiven Zelle zum Ausdruck kommen. Am Beispiel des hexagonalen Gitters sei dies erläutert. Abb. 1.7(a) enthält einen ebenen Ausschnitt aus dem Gitter, für das die konventionelle Elementarzelle in Abb. 1.3 angegeben war. Charakteristisch für dieses Netz ist die Umgebung jedes Gitterpunktes mit sechs nächsten Nachbarn — die Elementarzelle dagegen weist diese Symmetrie nicht auf.

Nach E. Wigner und F. Seitz (Phys. Rev. 43 (1933) 804) erhält man die Begrenzungsflächen einer symmetrischen Zelle — der Wigner-Seitz-*Zelle* — des Gitters dadurch, daß die Verbindungslinien eines Gitterpunktes mit allen übrigen durch darauf senkrechte Ebenen hal-

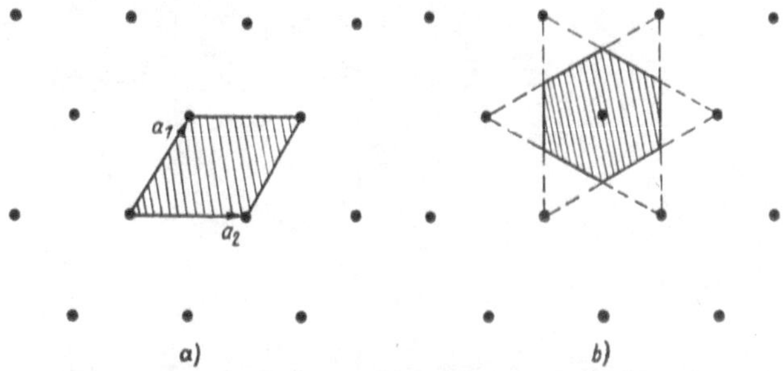

Abb. 1.7. Primitive Elementarzelle eines ebenen Gitters mit (a) Gitterpunkt im Ursprung und (b) mit Gitterpunkt in symmetrischer Lage im Innern der Zelle.

biert werden. Die Wigner-Seitz-*Zelle* des Gitterpunktes ist dann das kleinste von derartigen Ebenen vollständig begrenzte Volumen, d. h. der geometrische Ort aller Punkte, die dem zugehörigen Gitterpunkt näher liegen als irgendeinem anderen Gitterpunkt. Die Wigner-Seitz-Zelle enthält also nur einen Gitterpunkt. In Abb. 1.7 (b) ist das ebene Analogon der Wigner-Seitz-Zelle für ein

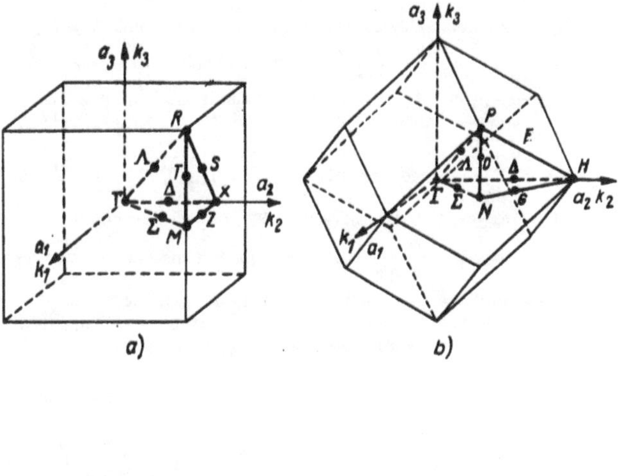

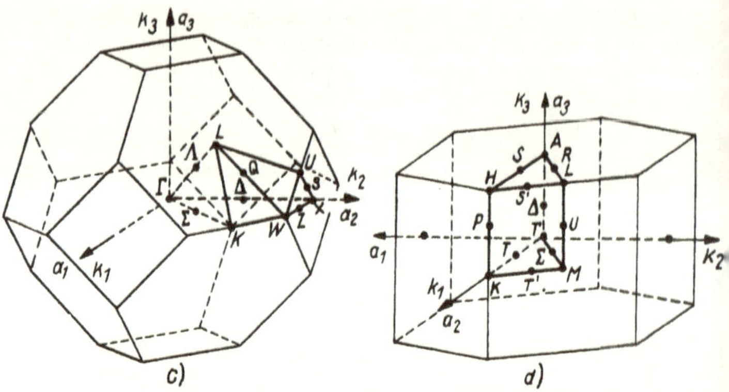

Abb. 1.8. WIGNER-SEITZ-Zellen WSZ einiger BRAVAIS-Gitter. Da die Polyeder auch als BRILLOUIN-Zonen BZ dieser Gitter (vgl. Abs. 1.2.4.3.) angesehen werden können, sind die Koordinatenachsen zusätzlich mit $\boldsymbol{k}_i$ und einige ausgezeichnete Punkte mit dafür üblichen Buchstaben bezeichnet (für Punktsymmetrie vgl. Tab. 7 A, S. 76).

(a) WSZ des einfach-kubischen Gitters mit $X = 0\,\frac{a}{2}\,0$, $M = \frac{a}{2}\,\frac{a}{2}\,0$, $R = \frac{a}{2}\,\frac{a}{2}\,\frac{a}{2}$ und BZ desselben mit $X = 0\,\frac{\pi}{a}\,0$, $M = \frac{\pi}{a}\,\frac{\pi}{a}\,0$, $R = \frac{\pi}{a}\,\frac{\pi}{a}\,\frac{\pi}{a}$ (für Definition von $\boldsymbol{a}$ vgl. jeweils Tab. 1 u. Abb. 1.3)

(b) WSZ des kubisch-flächenzentrierten Gitters mit $H = 0\,\frac{a}{2}\,0$, $N = \frac{a}{4}\,\frac{a}{4}\,0$, $P = \frac{a}{4}\,\frac{a}{4}\,\frac{a}{4}$ und BZ des kubisch-raumzentrierten Gitters, wobei in diesem Falle $H = 0\,\frac{2\pi}{a}\,0$, $N = \frac{\pi}{a}\,\frac{\pi}{a}\,0$, $P = \frac{\pi}{a}\,\frac{\pi}{a}\,\frac{\pi}{a}$

(c) WSZ des kubisch-raumzentrierten Gitters mit $X = 0\,\frac{a}{2}\,0$, $K = \frac{3}{8}a\,\frac{3}{8}a\,0$, $L = \frac{a}{4}\,\frac{a}{4}\,\frac{a}{4}$ und BZ des kubisch-flächenzentrierten Gitters mit den Koordinaten im $\boldsymbol{k}$-Raum $X = 0\,\frac{2\pi}{a}\,0$, $K = \frac{3\pi}{2a}\,\frac{3\pi}{2a}\,0$, $L = \frac{\pi}{a}\,\frac{\pi}{a}\,\frac{\pi}{a}$

(d) WSZ des hexagonalen Gitters mit $K = 0\,\frac{a}{\sqrt{3}}\,0$, $M = -\frac{a}{4}\,\frac{a\sqrt{3}}{4}\,0$, $A = 0\,0\,\frac{c}{2}$ im Ortsraum sowie BZ des gleichen Gitters mit $K = \frac{4\pi}{3a}\,0\,0$, $M = \frac{\pi}{a}\,\frac{\pi}{a\sqrt{3}}\,0$, $A = 0\,0\,\frac{\pi}{c}$ im $\boldsymbol{k}$-Raum. Man beachte die unterschiedliche Orientierung von $\boldsymbol{a}$ und $\boldsymbol{k}$-Achsen. Die Koordinatenwerte sind im rhombischen Achsenkreuz ermittelt, jedoch sind sie in hexagonalen Gitterkonstanten angegeben (vgl. Abb. 1.20).

hexagonales Netz dargestellt. Die Zelle ist sechseckig entsprechend der Umgebung mit sechs nächsten Nachbarn. Im Dreidimensionalen haben WIGNER-SEITZ-Zellen im allgemeinen Polyeder- und nicht Parallelepipedform (vgl. Abb. 1.8).

1.1.2. Beschreibung rationaler Kristalleigenschaften

Punkte, Geraden und Ebenen im Kristallgitter heißen rational, wenn ihre Lage durch Gitterpunkte definiert ist. Damit ist ein *Gitterpunkt* selbst ein rationaler Punkt, eine Kette von Gitterpunkten — die *Gittergerade* — eine rationale Gerade und eine von Gitterpunkten aufgespannte Ebene — die *Gitterebene* oder *Netzebene* — eine rationale Ebene.

Da in der Festkörperphysik gerade solche geometrische Orte in quantitative Überlegungen eingehen, ist eine handliche Beschreibungsform besonders erwünscht. Wir werden die gebräuchlichen Methoden im folgenden erläutern.

1.1.2.1. Gitterpunkte

Zur Beschreibung von Gitterpunkten wird ein Gitterpunkt willkürlich zum Bezugspunkt erklärt und der Vektor aufgesucht, der Koordinatenursprung und betrachteten Gitterpunkt miteinander verbindet.

Ein zweidimensionales Beispiel gibt Abb. 1.9. Nach (1.1) hat er in bezug auf ein Koordinatensystem $\boldsymbol{a}_i$ die Form

$$\boldsymbol{R} = u\boldsymbol{a}_1 + v\boldsymbol{a}_2 + w\boldsymbol{a}_3.^{1)} \qquad (1.6)$$

Es ist üblich, die Koeffizienten u, v, w hintereinander in der Form

$$uvw, \cdot uvw \cdot \quad \text{oder} \quad [[uvw]] \qquad (1.7)$$

---

[1]) Mit u, v, w als Komponenten eines Spaltenvektors $\boldsymbol{m}$ ist ein Gitterpunkt im kartesischen Koordinatensystem festgelegt durch

$$\mathrm{A} \cdot \boldsymbol{m} = \begin{pmatrix} a_{11} & a_{21} & a_{31} \\ a_{12} & a_{22} & a_{32} \\ a_{13} & a_{23} & a_{33} \end{pmatrix} \cdot \begin{pmatrix} u \\ v \\ w \end{pmatrix} \qquad (1.6a)$$

aufzuschreiben. Sollen alle kristallographisch gleichwertigen[1]) Gitterpunkte bezeichnet werden, wird auch das Symbol

$$:uvw: \tag{1.7a}$$

verwendet. Vereinbarungen über die Anordnung der $\boldsymbol{a}_i$ sind in Abschn. 1.1.1. besprochen worden und werden jeweils als bekannt vorausgesetzt.

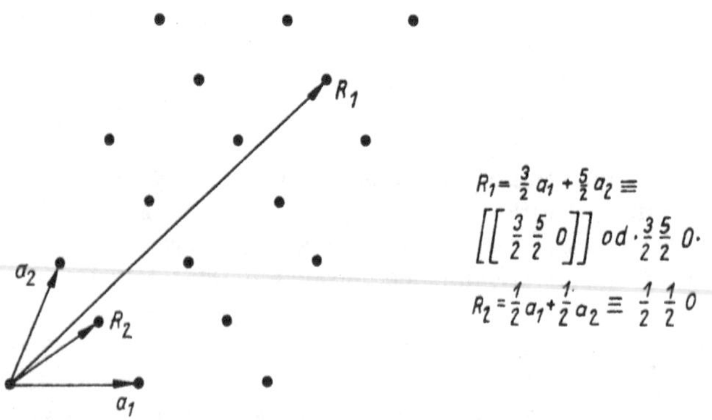

Abb. 1.9. Zur Beschreibung der Lage von Gitterpunkten

Entfernungen werden in Einheiten der Gitterpunktabstände (Gitterkonstanten) $|\boldsymbol{a}_i|$ gemessen und sind damit für ein bestimmtes Bravais-Gitter substanzunabhängig mit Ausnahme der triklinen, monoklinen und trigonalen. Bei diesen Gittern können die Winkel zwischen den Achsen von Substanz zu Substanz variieren.

1.1.2.2. Gittergeraden

Die Parameterdarstellung einer Geraden im Raum

$$\boldsymbol{r} - \boldsymbol{r}_0 = \lambda \boldsymbol{R} \tag{1.8}$$

---

[1]) Hinsichtlich dieser Äquivalenz vgl. Teil 2.

kann zur Beschreibung einer Gittergeraden durch den Gitterpunkt $\boldsymbol{r}_0$ und einen zweiten von $\boldsymbol{r}_0$ um $\lambda\boldsymbol{R}$ mit $\boldsymbol{R}$ aus (1.6) verschobenen herangezogen werden. Durch Veränderung des Parameters λ kann man jeden Punkt der Geraden erreichen. Eine Gerade, die zwei Gitterpunkte enthält, enthält dann unendlich viele in äquidistanten Abständen.

Wegen der Translationsinvarianz des Gitters sind parallele Gittergeraden gleichwertig. Eine Unterscheidung von Geraden mit verschiedenem $\boldsymbol{r}_0$ ist demnach überflüssig. Die Freiheit der Wahl des Koordinatenursprungs erlaubt $\boldsymbol{r}_0 = \boldsymbol{0}$ für einen Repräsentanten der

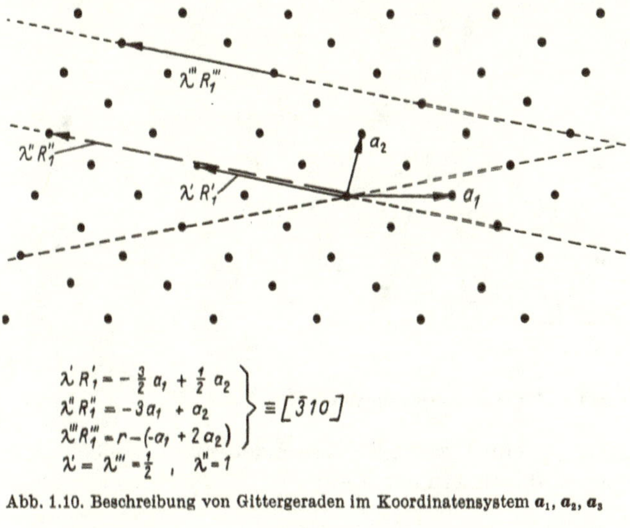

Abb. 1.10. Beschreibung von Gittergeraden im Koordinatensystem $\boldsymbol{a}_1$, $\boldsymbol{a}_2$, $\boldsymbol{a}_3$

Geradenschar zu setzen. Die drei Zahlen λu, λv und λw reichen dann aus, um die Gittergerade festzulegen, wiederum Vereinbarungen über die $\boldsymbol{a}_i$ vorausgesetzt. Um anzudeuten, daß die drei Zahlen eine Richtung im Gitter bezeichnen, werden sie — die Indizes dieser Gittergeraden — in eckige bzw. spitze Klammern gesetzt. Nun stellen $\boldsymbol{R}$ und $\lambda\boldsymbol{R}$ die gleiche Richtung dar, gemeinsame Teiler der Indizes werden daher gewöhnlich weggelassen.[1]) Übrig bleibt die Abkürzung in eckigen Klammern

$$[uvw] \tag{1.9}$$

für die Beziehung (1.8) mit (1.6). Negative Vorzeichen werden aus Gründen der Platzersparnis durch Überstreichen berücksichtigt. Ein Beispiel ist in Abb. 1.10 angegeben.

Soll die Gesamtheit[2]) kristallographisch äquivalenter Richtungen[3]) oder eine beliebige aus dieser Gesamtheit

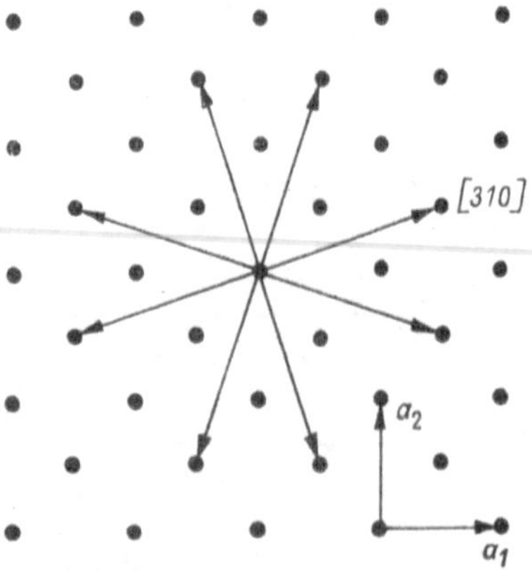

Abb. 1.11. Gittergeraden zu den Indizes ⟨310⟩

gekennzeichnet werden, verwendet man Symbole mit spitzen Klammern der Form

$$\langle uvw \rangle, \quad \text{oder} \quad [[uvw]]. \tag{1.10}$$

---

[1]) Dies entspricht der PLÜCKERschen Form von (1.8) $(\boldsymbol{r} - \boldsymbol{r}_0) \times \boldsymbol{R} = \boldsymbol{O}$.

[2]) Man nennt sie auch die *Form* dieser Richtungen.

[3]) Welche Richtungen in diesem Sinne äquivalent sind, kann anhand der Symmetrieeigenschaften des Gitters ermittelt werden (vgl. dazu Teil 2).

Im Beispiel der Abb. 1.11 sind die Richtungen [310], $[\bar{3}\bar{1}0]$, $[\bar{3}10]$, $[3\bar{1}0]$, $[1\bar{3}0]$, [130], $[\bar{1}30]$ und $[1\bar{3}0]$ äquivalent.

1.1.2.3. Netzebenen

Eine Netzebene sei durch die drei Gitterpunkte $\boldsymbol{R}$, $\boldsymbol{R}'$ und $\boldsymbol{R}''$ definiert.[1]) Der Ortsvektor $\boldsymbol{r}$ eines beliebigen Punktes in dieser Ebene muß dann der Parameterdarstellung

$$\boldsymbol{r} = \boldsymbol{R} + \lambda(\boldsymbol{R}' - \boldsymbol{R}) + \mu(\boldsymbol{R}'' - \boldsymbol{R}) \tag{1.11}$$

genügen, wobei $\boldsymbol{R}' - \boldsymbol{R}$ und $\boldsymbol{R}'' - \boldsymbol{R}$ zwei *in* der Ebene liegende Gittervektoren sind und durch Variation der Parameter λ und μ alle Punkte der Ebene beschrieben werden können. In symmetrischer Schreibweise mit anderen Parametern α, β, γ lautet (1.11)

$$\boldsymbol{r} = \alpha\boldsymbol{R} + \beta\boldsymbol{R}' + \gamma\boldsymbol{R}'', \tag{1.12}$$

mit

$$1 = \alpha + \beta + \gamma.$$

Der Ortsvektor sei in der Form $\boldsymbol{r} = x_1\boldsymbol{a}_1 + x_2\boldsymbol{a}_3 + x_3\boldsymbol{a}_3$, die Gittervektoren in der Form (1.6) gegeben. Dann führt ein Vergleich der Koeffizienten der Basisvektoren $\boldsymbol{a}_i$ auf das Gleichungssystem

$$\begin{aligned} x_1 &= \alpha u + \beta u' + \gamma u'' \\ x_2 &= \alpha v + \beta v' + \gamma v'' \\ x_3 &= \alpha w + \beta w' + \gamma w'' \\ 1 &= \alpha + \beta + \gamma, \end{aligned} \tag{1.13}$$

[1]) Enthält die Ebene drei Gitterpunkte, dann enthält sie auch ein Flächengitter aus unendlich vielen. Zu dieser ersten gibt es unendlich viele parallele äquidistante Netzebenen, die zusammen alle Gitterpunkte des Gitters enthalten.

für das sich eine Lösung α, β, γ unter der Bedingung

$$\begin{vmatrix} x_1 & u & u' & u'' \\ x_2 & v & v' & v'' \\ x_3 & w & w' & w'' \\ 1 & 1 & 1 & 1 \end{vmatrix} = 0 \tag{1.14}$$

finden läßt. (1.14) ist die Gleichung einer Ebene

$$Hx_1 + Kx_2 + Lx_3 = D, \tag{1.15}$$

wo $H \equiv v'w'' - v''w' - vw'' + v''w + vw' - v'w$,
$K \equiv u''w' - u'w'' - u''w + uw'' + u'w - uw'$,
$L \equiv u'v'' - u''v' - uv'' + u''v + uv' - u'v$ und
$D \equiv uv'w'' + u'v''w + u''vw' - u''v'w - uv''w' - u'vw'$
sind. Durch die drei Zahlen H, K und L wird die Neigung der Ebene festgelegt. D ist dem Abstand der Ebene vom Koordinatenursprung proportional.[1]) Aus den gleichen Gründen wie in Abs. 1.1.2.2. ist die Unterscheidung zwischen parallelen Netzebenen (mit unterschiedlichem D-Wert) einer Schar — dies trifft besonders für solche in Abständen der Gitterperiode zu — für kristallphysikalische Probleme nicht erforderlich.

Es ist zweckmäßig, wie noch erläutert werden wird, den größten etwa vorhandenen gemeinsamen Faktor q[2]) der K, H, L fortzulassen und die verbleibenden drei ganzen Zahlen $H/q \equiv h$, $K/q \equiv k$ und $L/q \equiv l$ als *Millersche Indizes* einer Netzebene zu deren geometrischer Beschreibung zu verwenden. Sie werden in runden Klammern

$$(hkl) \tag{1.16}$$

angegeben.

Die Gesamtheit der kristallographisch äquivalenten Ebenen oder eine beliebige aus der Gesamtheit wird

---

[1]) Zur Berechnung des Netzebenenabstandes vgl. Abschn. 1.2.3. und weiter unten in diesem Abschnitt.

[2]) Falls H, K und/oder L Brüche sind, heißt das, der Hauptnenner wird fortgelassen.

durch

$$\{hkl\}$$

oder (1.17)

$$((hkl))$$

bezeichnet

Die Bedeutung der Koeffizienten H, K und L geht aus dem Vergleich von Gl. (1.15) mit der Abschnittsform der Ebenengleichung $x_1/A + x_2/B + x_3/C = 1$ hervor. Für $D = 1$ geben $\frac{1}{H}$, $\frac{1}{K}$ und $\frac{1}{L}$ die Abschnitte der zugehörigen Netzebene auf den Koordinatenachsen an, d. h. $A = 1/H$, $B = 1/K$ und $C = 1/L$. Die *reziproken Millerschen Indizes* der Netzebene bedeuten dann ganz analog eine Netzebene[1]) mit den Achsenabschnitten $A = 1/h$, $B = 1/k$ und $C = 1/l$, d. h. eine um den Faktor q gegenüber der mit HKL bezeichneten weiter vom Koordinatenursprung entfernte Ebene. Die Ebene mit $D = D$ ist gegebenüber der mit $D = 1$ entsprechend um einen

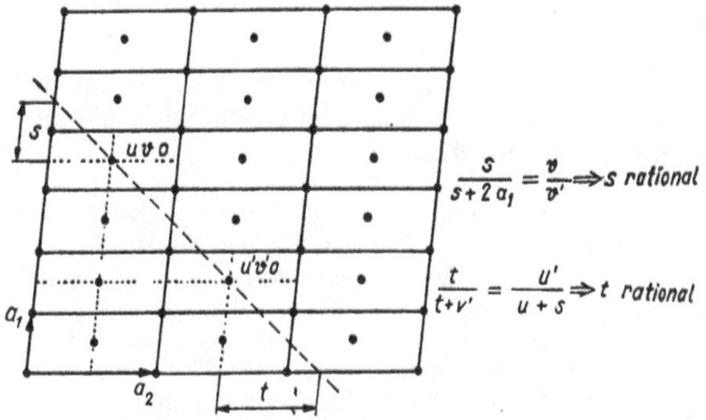

Abb. 1 12. Spur einer Netzebene durch die Punkte uvO und $u'v'O'$ in der a_1/a_2 Ebene. Die Achsenabschnitte $u + s$ bzw. $v' + t$ sind rational. Wegen der Freiheit in der Wahl des Koordinatensystems läßt sich obige Konstruktion immer angeben.

[1]) Daß tatsächlich Gitterpunkte auf dieser Ebene liegen, wird anschließend gezeigt.

Faktor D weiter vom Koordinatenursprung entfernt. Da die Achsenabschnitte rationale Bruchteile der Gitterkonstanten sein müssen (vgl. Abb. 1.12), sind die Koeffizienten H, K, L rationale Zahlen, und für das Tripel h, k, l kann man somit stets drei ganze Zahlen angeben. Die Rationalität der Achsenabschnitte erkennt man leicht durch Anwendung des Strahlensatzes. Summe und Pro-

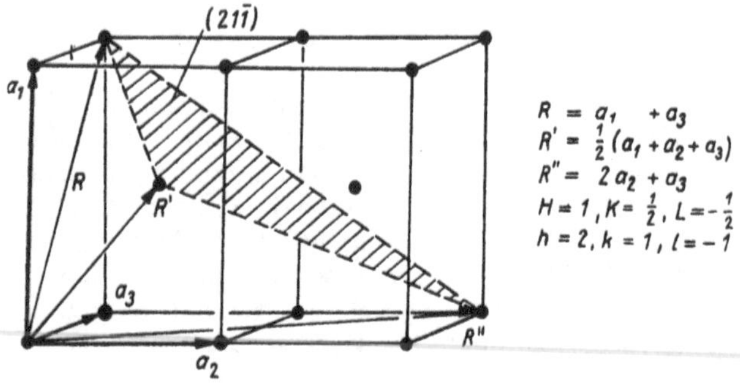

Abb. 1.13. Netzebene mit den Indizes (21$\bar{1}$)

dukt rationaler Zahlen sind wieder rational. — Ein Beispiel für die Indizierung einer Netzebene im Dreidimensionalen enthält Abb. 1.13.

Das in der Kristallographie seit langem bekannte „*Rationalitätsgesetz der Indizes*“, das die Rationalität des Verhältnisses der Achsenabschnitte gegeneinander geneigter Netzebenen konstatiert, konnte deshalb schon früh durch Winkelmessungen an ebenen Kristallbegrenzungsflächen erkannt werden, weil Begrenzungsflächen (Spalt- und Wachstumsflächen) vorzugsweise niedrigindiziert auftreten (Oberflächenenergieminimum).

Für Anwendungen ist es oft wichtig, den kleinsten Netzebenenabstand der durch (hkl) bezeichneten Schar zu kennen. Dazu stellen wir folgende Überlegung an: Die kleinsten ganzzahligen Achsenabschnitte A, B, C markieren offenbar die ursprungnächste Netzebene, die alle drei Koordinatenachsen *in Gitterpunkten* schneidet. Ihre Gleichung lautet

$$x_1/(1/h) + x_2/(1/k) + x_3/(1/l) = hkl.$$

Wegen der Translationssymmetrie auf jeder der Achsen müssen *hkl* Netzebenen vom Ursprung bis zu dieser Ebene vorhanden sein. Die Gleichung der ursprungnächsten davon hat demnach die Form $x_1/(1/h) + x_2/(1/k) + x_3/(1/l) = 1$. Der Abstand benachbarter Netzebenen ist aber gleich dem Abstand der ursprungnächsten vom Ursprung.

Wie schon bei Gitterpunkten und Gittergeraden ist auch für die Interpretation von Netzebenenindizes zu beachten, daß die zugrundeliegenden Koordinatensysteme i. allg. schiefwinklig sein und unterschiedliche absolute Längeneinheiten auf den Koordinatenachsen haben können. Die explizite Berechnung des kürzesten Netzebenenabstandes nehmen wir deshalb erst in Abschn. 1.2.2. vor, wenn eine koordinateninvariante Beschreibungsform für Netzebenennormalen zur Verfügung steht.

Nun wird auch verständlich, weshalb es zweckmäßig ist, teilerfremde h, k, l zu benutzen. Ein gemeinsamer Faktor q veränderte zwar nicht die Gleichung der Ebene durch Gitterpunkte auf den Koordinatenachsen, wohl aber die Gleichung der ursprungnächsten Netzebene. Es würde ein zu kleiner Netzebenenabstand vorgetäuscht. Er entspricht Ebenen, die nicht mit Gitterpunkten belegt und damit für kristallphysikalische Überlegungen meist irrelevant sind.[1])

1.1.2.4. Zonen und Zonenachsen

Die Schnittlinie zweier nichtparalleler Netzebenen heißt *Zonenachse*, die beiden Ebenen werden als zur gleichen *Zone* gehörige bezeichnet. Für kristallphysikalische Anwendungen besonders wichtig sind solche Zonen, denen mehrere möglichst niedrig indizierte Netzebenen

[1]) Bei der Behandlung von Interferenzproblemen wird gelegentlich von solchen Ebenen Gebrauch gemacht.

angehören. Wegen der Translationsinvarianz gehören auch alle Netzebenen zur Zone, die sich in zur Zonenachse parallelen Geraden schneiden. Das Auffinden von Zonenachsen erleichtert u. a. die Interpretation von Beugungsdiagrammen an Kristallen. In Abs. 1.2.3.4. wird eine Beziehung zu ihrer Berechnung angegeben und gezeigt, daß sie rational sind.

1.2. Reziprokes Gitter

1.2.1. Definition

Besonders für physikalische Anwendungen hat sich ein Hilfsbegriff zum Kristallgitter — das *reziproke Gitter* — bewährt.[1]) Das ursprüngliche Gitter wird dann oft vom reziproken durch die Bezeichnung Raumgitter unterschieden.

Zu einem Raumgitter sei ein *primitives*[2]) Vektortripel $\boldsymbol{a}_i$ (vgl. Abschn. 1.1.1.) bekannt.[3]) Dann wird das zugehörige primitive reziproke Vektortripel $\boldsymbol{a}_k^*$, d. h. die Elementarzelle des reziproken Gitters, durch die Beziehung

$$\boldsymbol{a}_i \cdot \boldsymbol{a}_k^* = \delta_{ik} \qquad \delta_{ik} = \begin{cases} 1 & i = k \\ 0 & i \neq k \end{cases} \qquad (1.18)$$

$$i, k, = 1, 2, 3$$

definiert. Nach den $\boldsymbol{a}_k^*$ aufgelöst nimmt (1.18) die Form[4])

$$\boldsymbol{a}_1^* = \frac{\boldsymbol{a}_2 \times \boldsymbol{a}_3}{\boldsymbol{a}_1 \cdot (\boldsymbol{a}_2 \times \boldsymbol{a}_3)}; \; \boldsymbol{a}_2^*, \boldsymbol{a}_3^* \text{ zyklisch} \qquad (1.19)$$

---

[1]) Von seiner Brauchbarkeit überzeuge man sich anhand der Abschnitte 1.2.2. bis 1.2.4.

[2]) Auch nichtprimitive $\boldsymbol{a}_i$ werden mitunter zum Ausgangspunkt genommen. Für einige Anwendungen ergeben sich jedoch bei Verwendung primitiver $\boldsymbol{a}_i$ beachtliche Vorteile.

[3]) Man entnehme dies etwa Tab. 2 und/oder Abb. 1.5.

[4]) Auf die praktische Berechnung der $\boldsymbol{a}_k^*$ stärker zugeschnittene Beziehungen werden in Abschn. 1.2.2. angegeben.

an, die erkennen läßt, daß die $\boldsymbol{a}_k{}^*$ nur für nicht-komplanare $\boldsymbol{a}_i$ ein Gitter aufspannen. Die Komponenten der $\boldsymbol{a}_k{}^*$[1]) lassen sich analog zu den $\boldsymbol{a}_i$ (vgl. 1.2)) zu einer Matrix

$$\mathbf{A}^* = \{A^*_{ik}\} \tag{1.20}$$

mit $A^*_{ik} = a^*_{ki}$ zusammenfassen: In Matrixschreibweise lautet dann (1.18) bzw. (1.19)

$$\mathbf{A}\tilde{\mathbf{A}}^* = \mathbf{A}^*\tilde{\mathbf{A}} = 1$$

$$\mathbf{A}^* = \tilde{\mathbf{A}}^{-1} \tag{1.21}$$

wo $\tilde{\mathbf{A}}$ die Transponierte und $\mathbf{A}^{-1}$ die Inverse[2]) von $\mathbf{A}$ sind.

Die durch die $\boldsymbol{a}_k{}^*$ definierten Punkte einer Elementarzelle des reziproken Gitters sind ebenso der Forderung nach strenger Translationssymmetrie zu unterwerfen, wie die Gitterpunkte des Raumgitters. Die Wahl des Koordinatenursprungs in diesem reziproken Gitter ist dann wieder willkürlich. Ein beliebiger Punkt des reziproken Gitters kann analog zu (1.1) durch den Vektor

$$\boldsymbol{H} = h\boldsymbol{a}_1{}^* + k\boldsymbol{a}_2{}^* + l\boldsymbol{a}_3{}^* \tag{1.22}$$

mit drei ganzen[3]) Zahlen h, k, und l beschrieben werden.

1.2.2. Geometrische Eigenschaften des reziproken Gitters

Gleichung (1.19) läßt unmittelbar erkennen, daß die Vektoren des reziproken Gitters $\boldsymbol{a}_i{}^*$ jeweils senkrecht auf denjenigen beiden des Raumgitters stehen, die nicht die gleichen Indizes besitzen, d. h. $\boldsymbol{a}_1{}^* \perp \boldsymbol{a}_2, \boldsymbol{a}_3$ usw. (vgl. Abb. 1.14).

Mit anderen Worten, die Vektoren des reziproken Gitters stehen senkrecht auf *Netzebenen* des Raumgitters. Diese für die Anwendung bedeutsame Eigenschaft gilt allgemein für beliebige Gittervektoren $\boldsymbol{H}$ nach (1.22) des reziproken Gitters, wobei $\boldsymbol{H}$ gerade die

---

[1]) bezüglich eines kartesischen Koordinatensystems

[2]) zur Bildung der Inversen vgl. (1.59) S. 53

[3]) Für nichtprimitive $\boldsymbol{a}_i$ bzw. $\boldsymbol{a}_k{}^*$ sind die h, k, l rationale Zahlen.

Normale der speziellen Raumgitter-Netzebene mit den Indizes (hkl) bildet:

$$\boldsymbol{H} = h\boldsymbol{a}_1^* + k\boldsymbol{a}_2^* + l\boldsymbol{a}_3^* \perp (hkl). \tag{1.23}$$

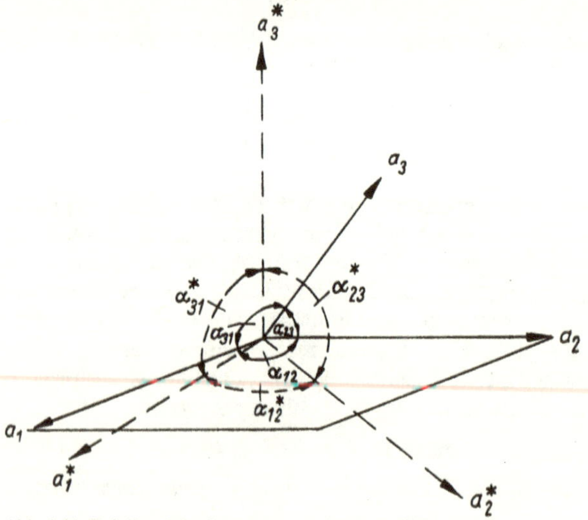

Abb. 1.14. Relative Orientierung von reziprokem Gitter und Raumgitter

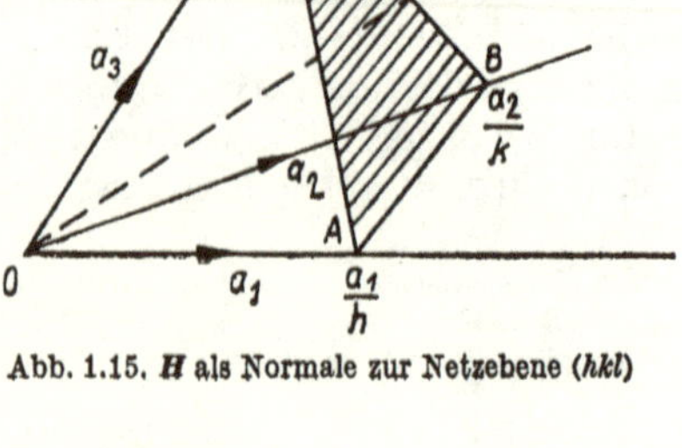

Abb. 1.15. $\boldsymbol{H}$ als Normale zur Netzebene (hkl)

Abb. 1.15 erläutert den Sachverhalt. Die Ebene ABC des Raumgitters besitze die Indizes (hkl), d. h. die Abschnitte auf den Koordinatenachsen werden durch die Vektoren a_1/h, a_2/k und a_3/l beschrieben (vgl. Abs. 1.1.2.3.).

Das Skalarprodukt $\boldsymbol{H} \cdot \overline{AB}$ verschwindet ebenso wie die inneren Produkte $\boldsymbol{H} \cdot \overline{CA}$ und $\boldsymbol{H} \cdot \overline{BC}$, denn es ist $\boldsymbol{H} \cdot \overline{AB} = (h\boldsymbol{a}_1{}^* + k\boldsymbol{a}_2{}^* + l\boldsymbol{a}_3{}^*) \cdot (\boldsymbol{a}_2/k - \boldsymbol{a}_1/h) = \boldsymbol{a}_2{}^* \cdot \boldsymbol{a}_2 - \boldsymbol{a}_1{}^* \cdot \boldsymbol{a}_1 = 0$ unter Berücksichtigung von (1.18).

Auch der Betrag des Vektors $\boldsymbol{H}$ im reziproken Gitter steht in einfacher Beziehung zum Raumgitter. Er ist nämlich gleich dem Kehrwert des Netzebenenabstands d der Ebenen (hkl)

$$|\boldsymbol{H}| = \frac{1}{d(h,k,l)} \quad (h, k, l \text{ teilerfremd}), \tag{1.24}$$

denn für die Projektion von $\overline{OA}$ auf $\boldsymbol{H}$ in Abb. 1.15 gilt $d = (\boldsymbol{H}/|\boldsymbol{H}|) \cdot (\boldsymbol{a}_1/h) = 1/|\boldsymbol{H}|$ wegen $\boldsymbol{H} \cdot \boldsymbol{a}_1 = h$ nach (1.22).

Da in Abs. 1.1.2.3. gezeigt worden war, daß die ursprungnächste Netzebene die Achsenabschnitte $1/h$, $1/k$ und $1/l$ besitzt, ist d gleichzeitig der *kürzeste Netzebenenabstand.*

Die Volumina von Raumgitter und reziprokem Gitter sind zueinander reziprok, wie man durch Einsetzen von (1.19) in den Volumenausdruck

$$\begin{aligned} V_a{}^* &= \boldsymbol{a}_1{}^* \cdot (\boldsymbol{a}_2{}^* \times \boldsymbol{a}_3{}^*) \\ &= (\boldsymbol{a}_2 \times \boldsymbol{a}_3) \cdot \{(\boldsymbol{a}_3 \times \boldsymbol{a}_1) \times (\boldsymbol{a}_1 \times \boldsymbol{a}_2)\}/\{\boldsymbol{a}_1 \cdot (\boldsymbol{a}_2 \times \boldsymbol{a}_3)\}^3 \\ &= 1/\boldsymbol{a}_1 \cdot (\boldsymbol{a}_2 \times \boldsymbol{a}_3) \\ &= \frac{1}{V_a} \end{aligned} \tag{1.25}$$

erkennt.

Die mittlere räumliche Dichte der Gitterpunkte im Raumgitter ist dann also $\varrho_{GP} = V_a{}^*$.

Wegen der Symmetrie der Definitionsgleichung (1.18) ist das reziproke Gitter des reziproken Gitters gleich dem ursprünglichen Raumgitter.[1]) Die Umkehrung von (1.19) nimmt daher mit (1.25) die Form

$$\boldsymbol{a}_1 = \frac{\boldsymbol{a}_2^* \times \boldsymbol{a}_3^*}{V_a^*}; \quad \boldsymbol{a}_2, \boldsymbol{a}_3 \text{ zyklisch} \tag{1.26}$$

an. Auch Aussagen der Form (1.23) und (1.24) sind direkt umkehrbar. Gelegentlich ist es erforderlich, Symbole für Geraden und Ebenen durch Punkte des reziproken Gitters zu verwenden. Man bedient sich dazu meist der gleichen Klammern wie in Abschn. 1.12 und fügt einen Stern an. Die Richtung $\boldsymbol{H} = h\boldsymbol{a}_1^* + k\boldsymbol{a}_2^* + l\boldsymbol{a}_3^*$ erhält so das Symbol $[hkl]^*$ usw.

Mehr auf die praktische Rechnung zugeschnittene Beziehungen haben die Form

$$V_a = Q a_1 a_2 a_3 \tag{1.27}$$

mit

$$Q^2 = 1 + 2 \cos \alpha_{23} \cos \alpha_{31} \cos \alpha_{12} - \cos^2 \alpha_{23} - \cos^2 \alpha_{13} - \cos^2 \alpha_{12},$$

wo $\cos \alpha_{ik} = \boldsymbol{a}_i \cdot \boldsymbol{a}_k / a_i a_k$ (vgl. z. B. Abb. 1.14 und Tab. 1) ist. Entsprechend kann das Volumen der Elementarzelle des reziproken Gitters aus

$$V_a^* = P a_1^* a_2^* a_3^*$$

mit

$$\begin{aligned} P &\equiv \sin \alpha_{23} \sin \alpha_{31}^* \sin \alpha_{12}^* \\ &\equiv \sin \alpha_{23}^* \sin \alpha_{31} \sin \alpha_{12}^* \\ &\equiv \sin \alpha_{23}^* \sin \alpha_{31}^* \sin \alpha_{12} \end{aligned} \tag{1.28}$$

berechnet werden.

---

[1]) Man braucht nur zu den berechneten $\boldsymbol{a}_k^*$ nach (1.19) nochmals reziproke Vektoren zu ermitteln, indem man anstelle $\boldsymbol{a}_i$ die $\boldsymbol{a}_k^*$ setzt. Da im Skalarprodukt die Faktoren vertauschbar sind, erhält man nun die ursprünglichen $\boldsymbol{a}_i$.

Die Vektoren des reziproken Gitters lassen sich dann darstellen durch

$$a_1^* = \frac{\sin \alpha_{23}}{Q a_1}, \quad a_2^* = \frac{\sin \alpha_{31}}{Q a_2}, \quad a_3^* = \frac{\sin \alpha_{12}}{Q a_3}. \tag{1.29}$$

Für ein orthogonales Bezugssystem des Raumgitters sind die Längen der Vektoren des reziproken Gitters gerade gleich den Kehrwerten der Längen des Raumgitters, und ihre Richtungen stimmen überein. Die Winkel α_{ik}^* (vgl. Abb. 1.14) berechnen sich aus

$$\begin{aligned}
\cos \alpha_{23}^* &= (\cos \alpha_{31} \cos \alpha_{12} - \cos \alpha_{23})/\sin \alpha_{31} \sin \alpha_{12}, \\
\cos \alpha_{31}^* &= (\cos \alpha_{12} \cos \alpha_{23} - \cos \alpha_{31})/\sin \alpha_{12} \sin \alpha_{23}, \qquad (1.30) \\
\cos \alpha_{12}^* &= (\cos \alpha_{23} \cos \alpha_{31} - \cos \alpha_{12})/\sin \alpha_{23} \sin \alpha_{31}.
\end{aligned}$$

Aus Tab. 2 und 1 sind die Winkelwerte für primitive Zellen der 14 Bravais-Gitter zu entnehmen.

1.2.3. Anwendung des reziproken Gitters bei geometrischen Rechnungen im Raumgitter

Mit Ausnahme der höchstsymmetrischen Raumgitter (vgl. 10 bis 14 in Tab. 1) ist es i. allg. vorteilhaft, Berechnungen geometrischer Größen, abgesehen von Winkeln zwischen Raumgittervektoren, über die Vektoren des reziproken Gitters zu führen. Wir machen dabei von den Ergebnissen des Abschn. 1.2.2. Gebrauch und besprechen einige wichtige Anwendungstypen. Stets ist zu prüfen, ob die $\boldsymbol{a}_k^*$ primitiv sind.

1.2.3.1. Berechnung von Netzebenenabständen

Aus Gl. (1.22), (1.24), (1.29), (1.30) und ggf. Tab. 2 läßt sich der Abstand d der Netzebenen (hkl) unter Zuhilfenahme der Beziehung

$$\begin{aligned}
H^2 = |h\boldsymbol{a}_1^* + k\boldsymbol{a}_2^* + l\boldsymbol{a}_3^*|^2 &= h^2 a_1^{*2} + k^2 a_2^{*2} + l^2 a_3^{*2} \\
&+ 2hk a_1^* a_2^* \cos \alpha_{12}^* + 2kl a_2^* a_3^* \cos \alpha_{23}^* \\
&+ 2lh a_3^* a_1^* \cos \alpha_{31}^* \qquad (1.31)
\end{aligned}$$

ermitteln.

1.2.3.2. Winkel zwischen zwei Netzebenen

Da der Winkel zwischen den Netzebenen $(h_1k_1l_1)$ und $(h_2k_2l_2)$ gleich dem Winkel zwischen ihren Normalen ist, ergibt sich aus (1.22) bis (1.24)

$$\begin{aligned}\cos\varphi &= \boldsymbol{H}_1 \cdot \boldsymbol{H}_2/H_1H_2 \\ &= \{h_1h_2a_1^{*2} + k_1k_2a_2^{*2} + l_1l_2a_3^{*2} \\ &\quad + (h_1k_2 + h_2k_1)\, a_1^*a_2^* \cos\alpha_{12}^* \\ &\quad + (k_1l_2 + k_2l_1)\, a_2^*a_3^* \cos\alpha_{23}^* \\ &\quad + (l_1h_2 + l_2h_1)\, a_3^*a_1^* \cos\alpha_{31}^*\}\, d_1d_2 .\end{aligned} \tag{1.32}$$

1.2.3.3. Vektorprodukt zweier Raumgittervektoren

Das Produkt zweier Raumgittervektoren $\boldsymbol{R}_1$ und $\boldsymbol{R}_2$ erhält mit (1.1), (1.2) und (1.19) die Form

$$\begin{aligned}\boldsymbol{R}_1 \times \boldsymbol{R}_2 &= V_a \{(v_1w_2 - v_2w_1)\, \boldsymbol{a}_1^* + (w_1u_2 - w_2u_1)\, \boldsymbol{a}_2^* \\ &\quad + (u_1v_2 - u_2v_1)\, \boldsymbol{a}_3^*\} \\ &= V_a \begin{vmatrix} \boldsymbol{a}_1^* & \boldsymbol{a}_2^* & \boldsymbol{a}_3^* \\ u_1 & v_1 & w_1 \\ u_2 & v_2 & w_2 \end{vmatrix} .\end{aligned} \tag{1.33}$$

Der Produktvektor ist nicht notwendig ein Gittervektor des Raumgitters.

1.2.3.4. Zonen

Die in Abs. 1.1.2.4. eingeführte Zonenachse wird nach (1.23) zweckmäßig über das Produkt zweier Vektoren des reziproken Gitters $\boldsymbol{H}_1$ und $\boldsymbol{H}_2$ berechnet. Mit Hilfe von (1.22) und (1.26) erhält man

$$\begin{aligned} \boldsymbol{H}_1 \times \boldsymbol{H}_2 &= \frac{1}{V_{\boldsymbol{a}}} \{(k_1 l_2 - k_2 l_1)\, \boldsymbol{a}_1 + (l_1 h_2 - l_2 h_1)\, \boldsymbol{a}_2 \\ &\quad + (h_1 k_2 - h_2 k_1)\, \boldsymbol{a}_3\} \\ &= \frac{1}{V_{\boldsymbol{a}}} \begin{vmatrix} \boldsymbol{a}_1 & \boldsymbol{a}_2 & \boldsymbol{a}_3 \\ h_1 & k_1 & l_1 \\ h_2 & k_2 & l_2 \end{vmatrix}. \end{aligned} \tag{1.34}$$

Die Indizes der Zonenachse $[uvw]$ zu den Ebenen $(h_1k_1l_1)$ und $(h_2k_2l_2)$ lauten demnach $u:v:w = (k_1l_2 - k_2l_1):(l_1h_2 - l_2h_1):(h_1k_2 - h_2k_1)$ und sind ganzzahlig.

Eine Netzebene mit der Normalen $\boldsymbol{H} = h\boldsymbol{a}_1{}^* + k\boldsymbol{a}_2{}^* + l\boldsymbol{a}_3{}^*$ gehört zu einer vorgegebenen Zone mit der Zonenachse $\boldsymbol{R} = u\boldsymbol{a}_1 + v\boldsymbol{a}_2 + w\boldsymbol{a}_3$, wenn $\boldsymbol{H} \cdot \boldsymbol{R} = 0$, d. h., wenn

$$hu + kv + lw = 0 \tag{1.35}$$

ist. Mit $(h_1k_1l_1)$ und $(h_2k_2l_2)$ gehören auch die Netzebenen $(h_1 \pm h_2\ k_1 \pm k_2\ l_1 \pm l_2)$ und $(ph_1 \pm qh_2\ pk_1 \pm qk_2\ pl_1 \pm ql_2)$ zur gleichen Zone.

1.2.3.5. Zahl der Gitterpunkte in der Elementarzelle

Die Zahl n_{EZ} der Gitterpunkte einer Elementarzelle aus den Vektoren $\boldsymbol{R}_i = u_i\boldsymbol{a}_1 + v_i\boldsymbol{a}_2 + w_i\boldsymbol{a}_3$ $(i = 1, 2, 3)$ berechnet sich analog zu (1.4) aus

$$V_{\boldsymbol{R}} = \boldsymbol{R}_1 \cdot (\boldsymbol{R}_2 \times \boldsymbol{R}_3) = V_{\boldsymbol{a}} \begin{vmatrix} u_1 & v_1 & w_1 \\ u_2 & v_2 & w_2 \\ u_3 & v_3 & w_3 \end{vmatrix}, \tag{1.36}$$

d. h.

$$n_{EZ} = \pm \begin{vmatrix} u_1 & v_1 & w_1 \\ u_2 & v_2 & w_2 \\ u_3 & v_3 & w_3 \end{vmatrix}, \quad (\boldsymbol{a}_i \text{ primitiv})^{1)}. \tag{1.37}$$

[1]) Im Falle nichtprimitiver $\boldsymbol{a}_i$ gibt die Determinante das Verhältnis der Gitterpunkte in der Zelle $\boldsymbol{R}_i$ zu der in der Zelle $\boldsymbol{a}_i$ an.

Hinsichtlich des Vorzeichens gilt das im Anschluß an (1.4) Gesagte.

1.2.3.6. Belegungsdichte von Netzebenen

Die Zahl der Gitterpunkte pro Fläche einer Netzebene (*hkl*), ihre Belegungsdichte σ, beträgt im Mittel

$$\sigma = \frac{d}{V_a} = V_{a^*}d = \varrho_{GP}d, \tag{1.38}$$

wo d der Netzebenenabstand der Schar (*hkl*) aus (1.24), V_a und V_{a^*} die Volumina von (primitivem) Raum- bzw. reziprokem Gitter nach (1.25) und ϱ_{GP} die mittlere räumliche Dichte der Gitterpunkte (vgl. Abschn. 1.1.1.) sind.

1.2.4. Anwendung des reziproken Gitters auf einige physikalische Probleme

Reziprokes und Raum-Gitter verhalten sich zueinander wie die in der Transformationstheorie bekannten kontravarianten und kovarianten Koordinaten eines Vektors.[1]) Darauf basiert wesentlich die Anwendung des reziproken Gitters.

1.2.4.1. Fourier-Entwicklung periodischer Funktionen

Die Translationssymmetrie des Kristallgitters äußert sich in der Periodizität der Funktionen $f(\boldsymbol{r})$, die zur Beschreibung physikalischer Eigenschaften benutzt werden. Es gilt also

$$f(\boldsymbol{r}) = f(\boldsymbol{r} + \boldsymbol{R}) \tag{1.39}$$

mit beliebigem $\boldsymbol{R}$ nach (1.6) bzw. (1.1). Da sich jede beliebige periodische Funktion in eine Fourier-Reihe

---

[1]) Zerlegung eines Vektors parallel zu Koordinatenlinien bzw. senkrecht zu Koordinatenflächen.

entwickeln läßt, kann f in der Form

$$f(\boldsymbol{r}) = \sum_{\boldsymbol{k}} \tilde{f}_{\boldsymbol{k}} e^{i\boldsymbol{k}\cdot\boldsymbol{r}} \tag{1.40}$$

geschrieben werden. Wegen (1.39) muß weiterhin

$$f(\boldsymbol{r} + \boldsymbol{R}) = \sum_{\boldsymbol{k}} \tilde{f}_{\boldsymbol{k}} e^{i\boldsymbol{k}\cdot\boldsymbol{r}} e^{i\boldsymbol{k}\cdot\boldsymbol{R}} = f(\boldsymbol{r}) \tag{1.41}$$

und damit $e^{i\boldsymbol{k}\cdot\boldsymbol{R}} = 1$ für beliebige $\boldsymbol{k}$ und alle Gittervektoren $\boldsymbol{R}$ gelten. Das ist gleichbedeutend mit der Forderung $\boldsymbol{k}\cdot\boldsymbol{R} = 2\pi n$, wo n eine beliebige ganze Zahl ist.

Nun sind gerade die Vektoren des primitiven reziproken Gitters $\boldsymbol{H}$ (vgl. (1.22)) von der Eigenschaft $\boldsymbol{H}\cdot\boldsymbol{R} = n$ (n ganz), so daß sich die Summe (1.40) als Summe über alle Punkte des 2π-fachen reziproken Gitters $\boldsymbol{k} = \boldsymbol{K} = 2\pi\boldsymbol{H}$ darstellen läßt. Die FOURIER-Koeffizienten lauten dann

$$\tilde{f}_{\boldsymbol{k}} = \tilde{f}_{\boldsymbol{K}} = \frac{1}{V_a} \int_{V_a} f(\boldsymbol{r})\, e^{-2\pi i \boldsymbol{H}\cdot\boldsymbol{r}}\, dV, \tag{1.42}$$

wobei das Integral über das Periodizitätsvolumen von f im Raumgitter (die Elementarzelle) zu erstrecken ist.

1.2.4.2. Interferenzen am Kristallgitter

Der Vorteil, den die Verwendung des Begriffs des reziproken Gitters bei allen Interferenzproblemen am Kristallgitter bietet, beruht auf der Abbildung von Netzebenen auf Punkte (vgl. Abschn. 1.2.2.).

Wir betrachten die Streuung einer in Richtung des Einheitsvektors $\boldsymbol{S}_0$ auf zwei Streuzentren (voneinander

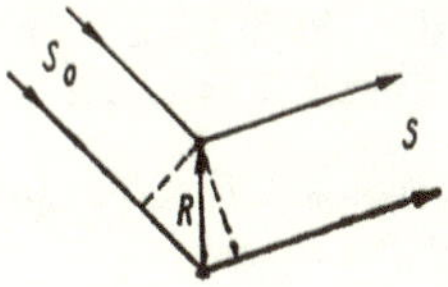

Abb. 1.16. Zur Phasendifferenz bei BRAGG Reflexion

durch Gittervektor $\boldsymbol{R}$ getrennt) auffallenden Welle der Wellenlänge λ. In Richtung $\boldsymbol{S}$ wird dann eine Verstärkung der gestreuten Wellen auftreten, wenn ihre Phasendifferenz ein ganzzahliges Vielfaches von 2π erreicht, d. h. wenn (vgl. Abb. 1.16)

$$\varphi = 2\pi \frac{\delta}{\lambda} = 2\pi \frac{\boldsymbol{R} \cdot (\boldsymbol{S} - \boldsymbol{S}_0)}{\lambda} = 2\pi n \quad (n \text{ ganz}) \tag{1.43}$$

ist.

Wie schon in Abs. 1.2.4.1., bietet sich auch hier der Bezug auf das reziproke Gitter an. Wenn

$$\frac{\boldsymbol{S} - \boldsymbol{S}_0}{\lambda} = \boldsymbol{H},^{1)} \tag{1.44}$$

der Ablenkungsvektor bezogen auf die Wellenlänge also gleich einem Vektor des reziproken Gitters ist, tritt das

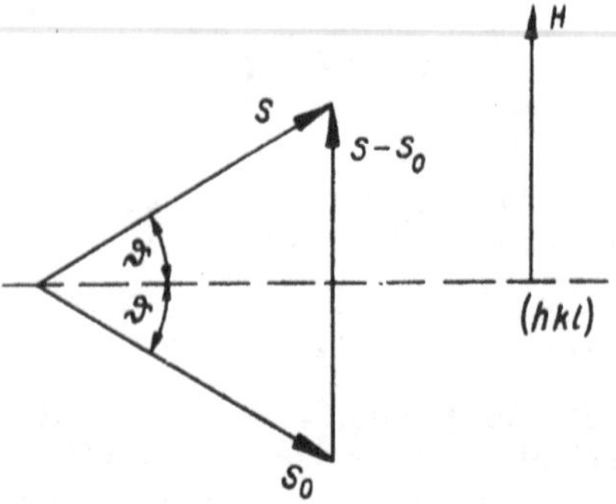

Abb. 1.17. Zur BRAGGschen Gleichung.

gesuchte Intensitätsmaximum auf. Da dann $\boldsymbol{S} - \boldsymbol{S}_0$ gerade senkrecht auf der Netzebene (hkl) steht, ist dies wegen (1.24) gleichbedeutend mit der Erfüllung der *Braggschen Bedingung* (vgl. Abb. 1.17) $2 \sin \vartheta/\lambda = 1/d$.

[1]) Die Beziehung folgt auch direkt aus den drei LAUEschen Bedingungen für Interferenz am Raumgitter.

Das reziproke Gitter ermöglicht so eine übersichtliche Konstruktion der für eine bestimmte Streugeometrie zu erwartenden BRAGG-Reflexe. Sie geht auf EWALD zurück und wird wie folgt durchgeführt. Zunächst wird das mit dem Kristall fest verbundene reziproke Gitter gezeichnet, dann die durch λ dividierte Richtung des einfallenden Strahls $\boldsymbol{S}_0$ mit der Spitze in einem beliebigen Punkt des reziproken Gitters eingezeichnet und anschließend mit dem Radius $|\boldsymbol{S}_0|/\lambda$ ein Kreisbogen um den Fußpunkt von

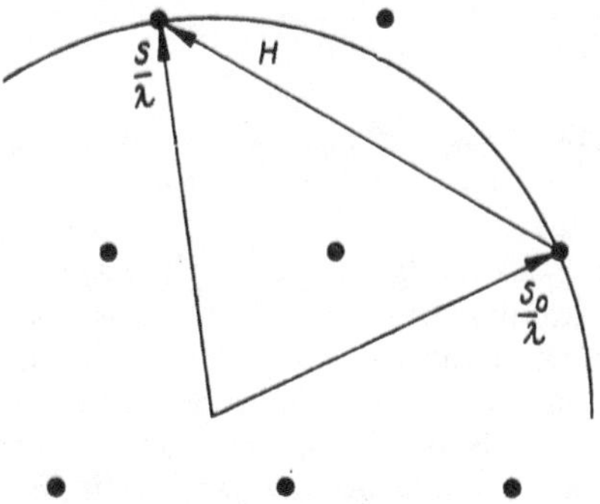

Abb. 1.18. EWALDsche Konstruktion

$\boldsymbol{S}_0$ geschlagen. BRAGG-Reflexion tritt auf, wenn mindestens ein weiterer Punkt des reziproken Gitters auf dem Kreisbogen liegt, da dann $(\boldsymbol{S} - \boldsymbol{S}_0)/\lambda = \boldsymbol{H}$ erfüllt ist (vgl. Abb. 1.18). Das Verfahren wird auf die verschiedenen Röntgen- und Elektronenbeugungsmethoden angewandt, ggf. unter Berücksichtigung von Schwankungsbreiten in λ und der im Gitter vernachlässigten endlichen Ausdehnung der Streuzentren des Kristalls. Die Punkte des reziproken Gitters mit nicht teilerfremden Indizes HKL[1]) (vgl. Abs. 1.1.2.3.) können bei dieser Anwendung zur Interpretation von BRAGG-Reflexen q-ter Ordnung

[1]) Sie waren wegen der Forderung nach strenger Translationssymmetrie im reziproken Gitter ergänzt worden (vgl. Abschn. 1.2.1.).

herangezogen werden. Für Einzelheiten sei auf die Spezialliteratur verwiesen (z. B. EWALD, JAMES, SCHULZE[1])).

In Gittern mit Basis (vgl. Abschn. 1.1.1.) vertritt jeder Gitterpunkt P Teilchen des zugrundeliegenden Strukturmotivs und damit auch P Streuzentren. Für jedes von ihnen gilt die zu (1.43) führende Überlegung (vgl. Abb. 1.19). Im Interferenzfall (1.44) sind die Phasenunter-

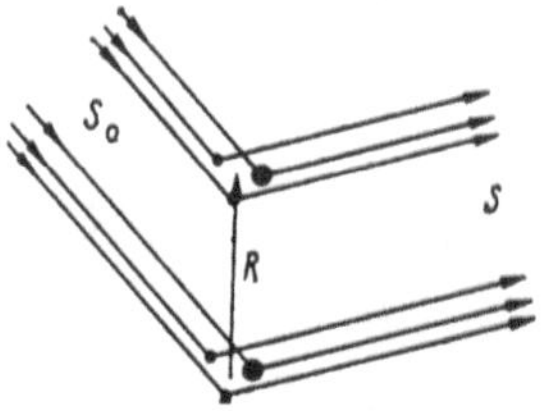

Abb. 1.19. Zum Phasenunterschied bei Gittern mit Basis

schiede innerhalb der Basis i. allg. von $2\pi p$ (p ganz) verschieden. Außerdem können die durch die *Atomformamplituden* f_n ausgedrückten Streuvermögen der Bestandteile n der Basis voneinander verschieden sein. Das kann die Amplitude A der vom Kristall insgesamt gestreuten Welle vermindern, während die Richtung des Maximums (1.44) unverändert bleibt. Die Amplitude ist im Falle ebener Wellen der Summe

$$A \sim N \sum_{n=1}^{P} f_n \, e^{-2\pi i \varphi_n} = N \sum_{n=1}^{P} f_n \, e^{-2\pi i \boldsymbol{r}_n \cdot \boldsymbol{H}} = N F_{hkl} \qquad (1.44\text{a})$$

proportional, wobei jede der N primitiven Elementarzellen des Gitters den gleichen Beitrag F_{hkl} liefert und die Streuzentren an Orten $\boldsymbol{R} + \boldsymbol{r}_n$ liegen. F_{hkl} heißt die *Strukturamplitude* der reflektierenden Netzebene (hkl). In Gittern ohne Basis ist sie gleich der Atomformamplitude des einzigen Streuzentrums $F_{hkl} = f$.

Bei Anwendungen des reziproken Gitters auf Interferenzprobleme empfiehlt es sich, F_{hkl} oder den *Strukturfaktor* $|F_{hkl}|^2$ als Gewicht des Punktes $\boldsymbol{H} = h\boldsymbol{a}_1^* + k\boldsymbol{a}_2^*$

---

[1]) 1957

$+ la_3^*$ einzuführen. Punkte mit $F_{hkl} = 0$ geben keinen Beitrag zur Streuung und gelten dann in der EWALDschen Konstruktion als nicht vorhanden; die zugehörigen BRAGG-Reflexe sind ausgelöscht, ihre Indizes (hkl) befolgen die *Auslöschungsregeln.*

Auch bei denjenigen BRAVAIS-Gittern, deren Elementarzelle konventionell mehr als einen Gitterpunkt enthält (vgl. Abb. 1.5), kann die EWALDsche Konstruktion so vorbereitet werden, daß das reziproke Gitter der nichtprimitiven Zelle berechnet und mit dem Strukturfaktor gewichtet wird.

Beispielsweise hat im kubisch-flächenzentrierten Gitter mit konventioneller Elementarzelle $\boldsymbol{r}_n$ die Werte 000, $\frac{1}{2}\frac{1}{2}0$, $\frac{1}{2}0\frac{1}{2}$ und $0\frac{1}{2}\frac{1}{2}$. Nach (1.44a) wird damit $F_{hkl} = f[\cos(0) + \cos\{2\pi(h+k)/2\} + \cos\{2\pi(k+l)/2\} + \cos\{2\pi(l+h)/2\}] - \mathrm{i}f[\sin(0) + \sin\{2\pi(h+k)/2\} + \sin\{2\pi(k+l)/2\} + \sin\{2\pi(l+h)/2\}]$. Falls h, k, l sämtlich gerade oder ungerade sind, ist $F_{hkl} = 4f$. Für die übrigen Punkte im reziproken Gitter gilt $F_{hkl} = 0$.

1.2.4.3. BRILLOUIN-Zonen

Wie in der Festkörperphysik gezeigt wird (vgl. SCHULZE 1974, BRAUER, LEHMANN, LUDWIG) treten im Energieeigenwertspektrum $\varepsilon(\boldsymbol{k})$ quasifreier Elektronen im Festkörper Lücken („verbotene“ Energiewerte) auf, die auf den Einfluß der Gittergeometrie zurückgehen. Nach BLOCH besitzen Einelektronen-Wellenfunktion $\psi_{\boldsymbol{k}}$ und SCHRÖDINGER-Gleichung in diesem Fall die Form

$$\psi_{\boldsymbol{k}}(\boldsymbol{r}) = u_{\boldsymbol{k}}(\boldsymbol{r})\,\mathrm{e}^{\mathrm{i}\boldsymbol{k}\cdot\boldsymbol{r}}, \qquad H\psi_{\boldsymbol{k}} = \varepsilon(\boldsymbol{k})\psi_{\boldsymbol{k}}, \qquad (1.45)$$

wobei H der HAMILTON-Operator ist und $\boldsymbol{k}$ die Bedeutung einer Wellenzahl ebener Wellen hat, deren Amplitude mit $u_{\boldsymbol{k}}(\boldsymbol{r})$ moduliert ist. $u_{\boldsymbol{k}}(\boldsymbol{r})$ muß eine periodische Funktion mit der Periode der primitiven Elementarzelle sein, d. h. $u_{\boldsymbol{k}}(\boldsymbol{r} + \boldsymbol{R}) = u_{\boldsymbol{k}}(\boldsymbol{r})$. Das führt mit (1.45) auf die Forderung $\exp(\mathrm{i}\boldsymbol{k}\cdot\boldsymbol{R}) = 1$, die schon in den vorangegangenen beiden Absätzen zur Anwendung des reziproken Gitters Anlaß gab.

Tatsächlich stellen sich die Energielücken bei Wellenzahlvektoren $\boldsymbol{k}$ ein, die der BRAGGschen Reflexionsbedingung der Elektronen am Gitter genügen. Nach der EWALDschen Konstruktion (Abs. 1.2.4.2.) sind dies $\boldsymbol{k}$-Werte mit

$$(\boldsymbol{k} + 2\pi \boldsymbol{H})^2 = k^2$$

oder

$$\boldsymbol{k} \cdot \frac{\boldsymbol{K}}{2} = \frac{K^2}{4}, \tag{1.46}$$

wo $\boldsymbol{K} \equiv 2\pi \boldsymbol{H} = 2\pi\,(h\boldsymbol{a}_1{}^* + k\boldsymbol{a}_2{}^* + l\boldsymbol{a}_3{}^*)$ der mit dem Faktor 2π versehene Vektor des reziproken Gitters $\boldsymbol{H}$ ist. Gleichung (1.46) stellt eine Ebene mit der Normalen $\boldsymbol{K}$ dar und definiert deshalb für verschiedene $\boldsymbol{K}$ Polyeder im $\boldsymbol{k}$-Raum, die BRILLOUIN-*Zonen* des Gitters, innerhalb deren die $\varepsilon(\boldsymbol{k})$-Abhängigkeit keine Unstetigkeiten aufweist. Man erhält sie durch folgende Konstruktion. Vom willkürlich gewählten Ursprung des reziproken Gitters in einem Gitterpunkt[1]) zeichne man zu allen anderen Punkten Verbindungslinien und errichte in deren Mittelpunkten senkrechte Ebenen. Die ursprungnächsten von ihnen begrenzen die erste BRILLOUIN-Zone, die folgenden die zweite usw.

Wie unter Benutzung von (1.45) zu erkennen ist, sind $\boldsymbol{k}$-Werte, die sich nur um ein Vielfaches eines 2π-fachen Vektors des reziproken Gitters unterscheiden, äquivalent: $\boldsymbol{k} \triangleq \boldsymbol{k} + 2\pi\boldsymbol{H}$, denn für den Fall, daß der Ortsvektor $\boldsymbol{r}$ ein Gittervektor $\boldsymbol{R}$ ist, muß (1.45) auch gelten, und es wird $e^{i2\pi \boldsymbol{H}\cdot\boldsymbol{R}} = e^{i2\pi n} = 1$ (n = ganz). Abgesehen von speziellen Fragestellungen wird üblicherweise der Variationsbereich der $\boldsymbol{k}$-Vektoren auf die erste BRILLOUIN-Zone beschränkt und damit die Mehrdeutigkeit umgangen.

---

[1]) Durch diese Festlegung wird eine BRILLOUIN-Zone erhalten, die, ähnlich der WIGNER-SEITZ-Zelle des Raumgitters, symmetrisch zu den Punkten des (2π-fachen) reziproken Gitters liegt.

Abb. 1.8 enthält die ersten BRILLOUIN-Zonen für die wichtigsten BRAVAIS-Gitter.

In Gittern mit Basis tragen — wie in Abs. 1.2.4.2. erläutert — bestimmte Punkte des reziproken Gitters nicht zur Reflexion bei. Für die Energiezustände der Elektronen bedeutet dies, daß die durch (1.46) definierten Ebenen keine Unstetigkeiten der $\varepsilon(\boldsymbol{k})$-Abhängigkeit enthalten. Eine Reihe von Eigenschaften der Festkörper nimmt nun gerade auf diese Besonderheiten des $\varepsilon(\boldsymbol{k})$-Verlaufes Bezug. Daher wird neben der BRILLOUIN-Zone noch die JONES-Zone des Gitters als dasjenige Polyeder eingeführt, dessen Begrenzungsflächen (1.46) aus $\boldsymbol{K}$-Werten mit nichtverschwindendem Strukturfaktor (vgl. Abs. 1.2.4.2.) gebildet worden sind. Die erste JONES-Zone ist die kleinste, die zweite die nächstgrößere derartige usw.

1.2.5. Der Sonderfall des hexagonalen Gitters

Obwohl die Klassifizierung der BRAVAIS-Gitter nach ihren Symmetrieeigenschaften erst in Teil 2 erfolgt, sei hier schon auf eine Besonderheit der Vektordarstellung des hexagonalen Gitters hingewiesen (vgl. Abb. 1.20), die sich aus eben diesen Symmetrieverhältnissen ergibt[1]) und die sich auch auf die Beschreibung des reziproken Gitters auswirkt.

In der Literatur werden nebeneinander mehrere Koordinatensysteme benutzt, die leider oft nicht scharf unterschieden sind. Die Besonderheit besteht darin, daß eines davon vier Koordinaten verwendet. Bei seiner Besprechung stellen wir dieses den 3-Achsen-Systemen zum Vergleich gegenüber.

In Abb. 1.20 sind neben dem eigentlichen hexagonalen Koordinatensystem auch die zur Beschreibung hexagonaler Kristalle oft herangezogenen rhomboedrischen (vgl. auch Abb. 1.20 A) und rhombischen Achsenkreuze

[1]) Vgl. Kap. 2.5.

wiedergegeben. Da wir in den Abschn. 1.1.1. bis 1.2.4. keine Voraussetzungen über die Beziehungen der Koordinatenachsen untereinander gemacht hatten, gelten alle bisherigen Überlegungen auch für die rhomboedrische und rhombische Beschreibungsweise und bedürfen daher keiner gesonderten Betrachtung.

Genau genommen sind zwei hexagonale Achsenkreuze in Gebrauch, das 3-Achsen- und das 4-Achsen-System.

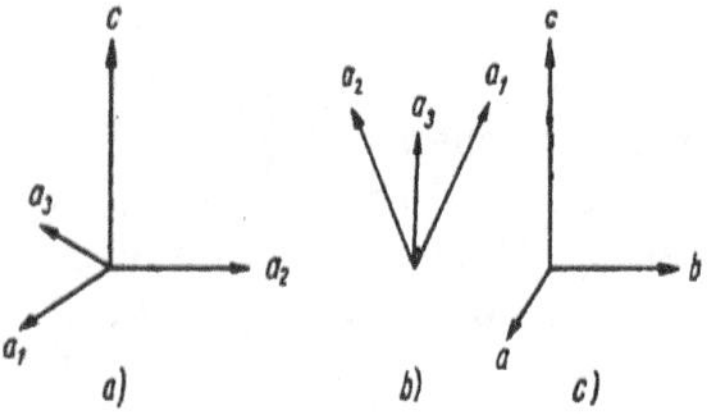

Abb. 1.20. Nebeneinander verwendete Achsenkreuze. (a) Hexagonales mit $a_1 = a_2 = a_3 \neq c$; $\sphericalangle (\mathbf{a}_1, \mathbf{a}_2) = (\mathbf{a}_2, \mathbf{a}_3) = (\mathbf{a}_3, \mathbf{a}_1) = \frac{2}{3}\pi$, $\sphericalangle (\mathbf{a}_1, \mathbf{c}) = (\mathbf{a}_2, \mathbf{c}) = \mathbf{a}_3, \mathbf{c}) = \frac{\pi}{2}$. (b) Rhomboedrisches mit $a_1 = a_2 = a_3$; $\sphericalangle (\mathbf{a}_1, \mathbf{a}_2) = (\mathbf{a}_2, \mathbf{a}_3) = (\mathbf{a}_3, \mathbf{a}_1) \neq \frac{\pi}{2}$. (c) Rhombisches mit $a \neq b \neq c$; $\sphericalangle (\mathbf{a}, \mathbf{b}) = (\mathbf{b}, \mathbf{c}) = (\mathbf{c}, \mathbf{a}) = \frac{\pi}{2}$

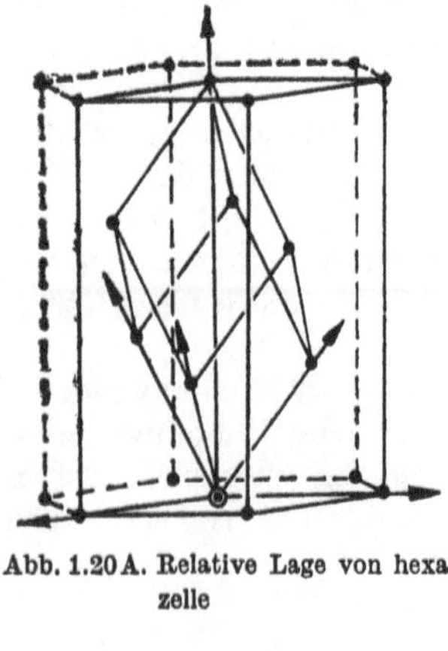

Abb. 1.20 A. Relative Lage von hexagonaler und rhomboedrischer Elementarzelle

Ersteres entsteht aus Abb. 1.20a durch Fortlassen der a_3-Achse und bietet damit ebenfalls nichts Neues. Um Verwechslungen zu vermeiden, stellen wir im folgenden bei der Beschreibung rationaler Gittereigenschaften beide Formen gegenüber. Die grundsätzlichen Begriffsbildungen von Abschn. 1.12 bleiben auch im vorliegenden Fall gültig. Wir besprechen lediglich die veränderte Indizierung.

1.2.5.1. Gittergeraden

Gittergeraden[1]) im 3-Achsen- bzw. 4-Achsen-System seien mit $\boldsymbol{R}_{(3)}$ bzw. $\boldsymbol{R}_{(4)}$ bezeichnet. Im Koordinatensystem der Abb. 1.20 (a) hat man damit analog zu (1.1)

$$\boldsymbol{R}_{(3)} = U\boldsymbol{a}_1 + V\boldsymbol{a}_2 + W\boldsymbol{c}, \tag{1.47}$$

wobei die Millerschen Indizes $[UVW]$ hier im Unterschied zu Abs. 1.1.2.2. durch große Buchstaben bezeichnet werden. Die Form (1.47) ist insofern nachteilig, als

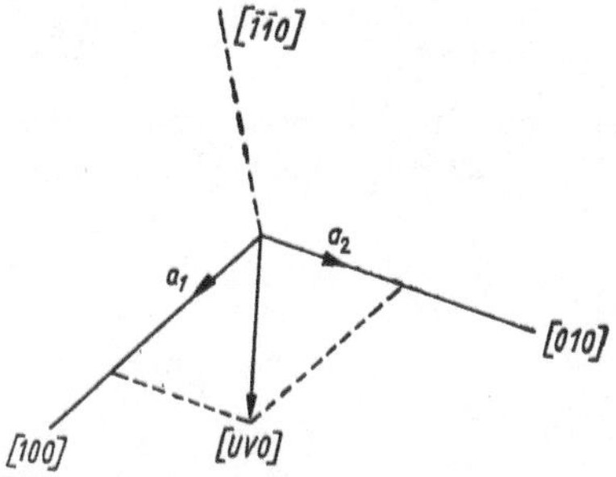

Abb. 1.21. Gittergerade im 3-Achsen-System

kristallographisch gleichwertige Richtungen mit unterschiedlichen Indizes belegt sind. In der $\boldsymbol{a}_1$-$\boldsymbol{a}_2$-Ebene (s. Abb. 1.21) erhält z. B. eine gegenüber den Koordinatenachsen in dieser Ebene um 120° gedrehte Gittergerade die Indizes $[\bar{1}\bar{1}0]$, obwohl sie auf Grund der Gitter-

[1]) Die Überlegungen gelten auch für Gitterpunkte.

symmetrie (vgl. Abb. 2.12) den Koordinatenachsen äquivalent ist.

Dieser Nachteil wird im 4-Achsen-System umgangen. Ein Gittervektor erhält hier die Form (vgl. Abb. 1.20 (a) und 1.22)

$$\boldsymbol{R}_{(4)} = u\boldsymbol{a}_1 + v\boldsymbol{a}_2 + t\boldsymbol{a}_3 + w\boldsymbol{c}. \tag{1.48}$$

Die 4 Komponenten heißen *Miller-Bravaissche Indizes* und werden mit den gleichen Klammersymbolen wie in Abs. 1.1.2.2. geschrieben, also z. B. [*uvtw*]. Um die Symmetrie des Gitters zum Ausdruck kommen zu lassen, ist

$$\boldsymbol{a}_3 = -(\boldsymbol{a}_1 + \boldsymbol{a}_2) \tag{1.49}$$

gewählt (vgl. Abb. 1.20 (a)). Damit die Komponentenzerlegung eines Vektors eindeutig durchgeführt werden kann, bedarf es noch einer Festlegung über die eine linear abhängige Koordinate. Sie wird so getroffen, daß kristallographisch gleichwertige Richtungen mit gleichen Indizes behaftet sind und hat die Form

$$u + v + t = 0. \tag{1.50}$$

Damit wird kein Koeffizient in der zu **c** senkrechten Ebene ausgezeichnet. Abb. 1.22 zeigt die Verhältnisse in dieser Ebene.

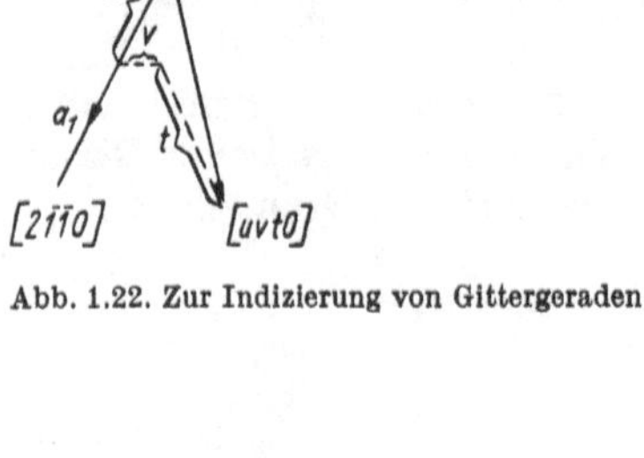

Abb. 1.22. Zur Indizierung von Gittergeraden im 4-Achsen-System

Aus (1.49) und (1.48) ergibt sich die Darstellung von $\boldsymbol{R}_{(4)}$ im System von $\boldsymbol{R}_{(3)}$

$$\boldsymbol{R}_{(4)} = (u - t)\,\boldsymbol{a}_1 + (v - t)\,\boldsymbol{a}_2 + w\boldsymbol{c}. \qquad (1.51)$$

Durch Vergleich mit (1.47) folgt daraus der Zusammenhang der Indizes von 3-Achsen- und 4-Achsen-Darstellung

$$[UVW] = [u - t \quad v - t \quad w] = [2u + v \quad u + 2v \quad w]$$

oder

$$[u\,v\,t\,w] = \left[\frac{2U - V}{3}\ \frac{2V - U}{3}\ \frac{-(U + V)}{3}\ W\right]. \qquad (1.52)$$

Praktisch werden meist zunächst die Millerschen und danach über (1.52) die Miller-Bravaisschen Indizes einer Gittergeraden bestimmt.

1.2.5.2. Netzebenen

Wir wenden den Begriff des reziproken Gitters, vor allem dessen Eigenschaft (1.23) auf die Darstellung von Netzebenen an. Im 3-Achsen-System gilt entsprechend (1.22) für die Netzebenennormale

$$\boldsymbol{H}_{(3)} = H\boldsymbol{a}_1^* + K\boldsymbol{a}_2^* + L\boldsymbol{c}^*, \qquad (1.53)$$

wo H, K, L die Millerschen Indizes der Ebene im Raumgitter und $\boldsymbol{a}_1^*$, $\boldsymbol{a}_2^*$, $\boldsymbol{c}^*$ die Basisvektoren des reziproken Gitters mit $\boldsymbol{a}_1^* = (2/3a^2)\,(2\boldsymbol{a}_1 + \boldsymbol{a}_2)$, $\boldsymbol{a}_2^* = (2/3a^2) \cdot (\boldsymbol{a}_1 + 2\boldsymbol{a}_2)$ und $\boldsymbol{c}^* = \boldsymbol{c}/c^2$ sind. Man erhält sie aus Gl. (1.19), wenn $\boldsymbol{c}^* = \boldsymbol{a}_3^*$ und $\boldsymbol{c} = \boldsymbol{a}_3$ gesetzt wird.

Im 4-Achsen-System kann jedoch die Definitionsgleichung (1.18) des reziproken Gitters für alle vier Raumgittervektoren $\boldsymbol{a}_1$, $\boldsymbol{a}_2$, $\boldsymbol{a}_3$ und $\boldsymbol{c}$ nicht erfüllt werden. Man kann aber Vektoren eines pseudoreziproken Gitters angeben, deren Komponenten gerade die Miller-Bravaisschen Indizes mit der Bedeutung reziproker Achsenabschnitte sind. Sie mögen durch $\boldsymbol{A}_1^*$, $\boldsymbol{A}_2^*$, $\boldsymbol{A}_3^*$

und $\boldsymbol{C}^*$ bezeichnet werden und die Eigenschaft

$$\boldsymbol{H}_{(4)} = h\boldsymbol{A}_1^* + k\boldsymbol{A}_2^* + i\boldsymbol{A}_3^* + l\boldsymbol{C}^* \tag{1.54}$$

mit der Nebenbedingung[1])

$$h + k + i = 0 \tag{1.55}$$

besitzen.

Wird

$$\boldsymbol{A}_1^* = 2\boldsymbol{a}_1/3a^2, \qquad \boldsymbol{A}_2^* = 2\boldsymbol{a}_2/3a^2, \qquad \boldsymbol{A}_3^* = 2\boldsymbol{a}_3/3a^2$$

und

$$\boldsymbol{C}^* = \boldsymbol{c}/c^2 \tag{1.56}$$

gesetzt, dann weist $\boldsymbol{H}_{(4)}$ tatsächlich die Richtung der Normalen auf die Netzebene des Raumgitters mit den reziproken Achsenabschnitten h, k, i und l auf.

Die vier Koeffizienten in (1.54) heißen die Miller-Bravaisschen Indizes der Netzebene im 4-Achsen-System und werden durch Klammersymbole wie in Abs. 1.1.2.3. bezeichnet, z. B. durch $(hkil)$, $\{hkil\}$ usw.

Wird in (1.54) $\boldsymbol{A}_1^*$, $\boldsymbol{A}_2^*$, $\boldsymbol{A}_3^*$, $\boldsymbol{C}^*$ durch $\boldsymbol{a}_1$, $\boldsymbol{a}_2$, $\boldsymbol{a}_3$, $\boldsymbol{c}$ und anschließend durch $\boldsymbol{a}_1^*$, $\boldsymbol{a}_2^*$, $\boldsymbol{c}^*$ ersetzt, erhält man

$$\boldsymbol{H}_{(4)} = h\boldsymbol{a}_1^* + k\boldsymbol{a}_2^* + l\boldsymbol{c}^*, \tag{1.57}$$

eine Darstellung des Vierervektors im reziproken Gitter des 3-Achsen-Systems.

Vergleich von (1.57) und (1.53) führt auf die Beziehung

$$(H\,K\,L) = (h\,k\,l) \tag{1.58}$$

zwischen den Millerschen und Miller-Bravaisschen Indizes einer Netzebene. Beide stimmen überein, nur i ist bei der Transformation wegzulassen bzw. nach (1.55) zu bilden.

Mit der Definition (1.56) gelten nun auch für das 4-Achsen-System die entsprechenden Beziehungen für Netzebenenabstände, Winkel usw. aus Abschn. 1.2.3. So

[1]) Aus den gleichen Gründen wie (1.50).

ist z. B. $d = 1/\sqrt{\boldsymbol{H}_{(4)} \cdot \boldsymbol{H}_{(4)}}$ der Abstand benachbarter Netzebenen und $\varphi = \arccos \{d_1 d_2 (\boldsymbol{H}_{1(4)} \cdot \boldsymbol{H}_{2(4)})\}$ der Winkel zwischen zwei Ebenen $\boldsymbol{H}_{1(4)}$ und $\boldsymbol{H}_{2(4)}$.

1.3. Koordinatentransformation

Für verschiedene Aufgabenstellungen sind unterschiedliche Koordinatensysteme zweckmäßig. Daher ist oft eine Koordinatentransformation notwendig. Wir geben im folgenden an, wie sich dabei die Indizes von Gittervektoren, Netzebenen und Vektoren des reziproken Gitters ändern. Im Gitter mit der Koordinatenwahl $\boldsymbol{a}_k'$ werde eine neue Elementarzelle $\boldsymbol{a}_i$ festgelegt, die nach Gl. (1.3) über die Koeffizientenmatrix $\{\nu_{ik}\}$ mit der ursprünglichen verknüpft ist. Die Umkehrung $\boldsymbol{a}_k' = \sum_{i=1}^{3} \bar{\nu}_{ki} \boldsymbol{a}_i$ wird von den Koeffizienten $\bar{\nu}_{ki}$ der zu $\{\nu\}$ inversen Matrix $\{\nu\}^{-1} = \{\bar{\nu}\}$ vermittelt, die sich aus

$$\bar{\nu}_{ki} = (-1)^{i+k} \Delta_{ik} / \|\nu_{ki}\| \tag{1.59}$$

berechnen lassen, wobei Δ_{ik} die Determinante ist, die nach Streichung der i-ten Zeile und k-ten Spalte aus $\{\nu\}$ gebildet werden kann (sog. Minor zum Element ν_{ik} von $\{\nu\}$) Netzebenenindizes im ungestrichenen System $(h\,k\,l)$ erhält man über eine zu (1.3) analoge Beziehung, wobei die Indizes $(h'\,k'\,l')$ als Spaltenvektor aufzufassen sind

$$(h\,k\,l) = \{\nu\} \begin{pmatrix} h' \\ k' \\ l' \end{pmatrix}. \tag{1.60}$$

Das gleiche gilt für die inverse Transformation mit Hilfe der $\{\bar{\nu}\}$. Neue Basisvektoren des reziproken Gitters $\boldsymbol{a}_i^*$ berechnen sich aus den alten $\boldsymbol{a}_k'^*$ nach

$$\boldsymbol{a}_i^* = \sum_{k=1}^{3} \bar{\nu}_{ki} \boldsymbol{a}_k'^*, \tag{1.61}$$

d. h. über die durch Vertauschen von Zeilen und Spalten aus der Matrix $\{\bar{\nu}\}$ entstehende transponierte $\{\tilde{\bar{\nu}}\}$. Die Umkehrung $\boldsymbol{a}_i'^* = \sum_{i=1}^{3} \nu_{ki} \boldsymbol{a}_k^*$ enthält ebenfalls die Transponierte der $\{\nu\}$. Für Indizes von Gittergeraden sowie für Gitterpunktkoordinaten gilt die Transformationsbeziehung

$$[u\ v\ w] = \{\tilde{\bar{\nu}}\} \begin{bmatrix} u' \\ v' \\ w' \end{bmatrix} \qquad (1.62)$$

mit dem als Spaltenvektor aufgefaßten Richtungssymbol $[u'v'w']$. Beispiele für Transformationsmatrizen von primi-

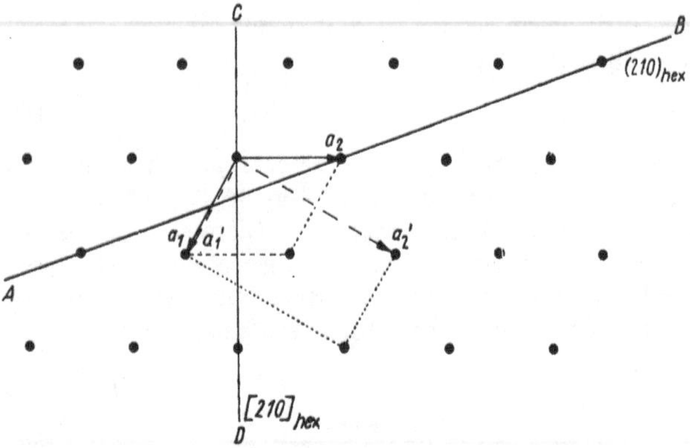

Abb. 1.23. Zur Indextransformation im hexagonalen Gitter

tiven auf konventionelle Elementarzellen sind in Tab. 2 enthalten.

Beispiel: In Abb. 1.23 ist die Beziehung zwischen hexagonalem $\boldsymbol{a}_i$ und rhombischem Koordinatensystem $\boldsymbol{a}_k'$

in der (0001)-Ebene des hexagonalen Gitters dargestellt ($\boldsymbol{a}_3 = \boldsymbol{a}_3'$). Die Koeffizientenmatrix hat die Form

$$\{\nu\} = \begin{pmatrix} 1 & 0 & 0 \\ -\frac{1}{2} & \frac{1}{2} & 0 \\ 0 & 0 & 1 \end{pmatrix}. \tag{1.63}$$

Die zu $\boldsymbol{a}_3$ parallele Netzebene mit der Spur AB hat im hexagonalen System die Indizes $(210)_{\text{hex}}$. Nach (1.60) erhält man im rhombischen System dafür $(240)_{\text{rh}} = (120)_{\text{rh}}$, denn die inverse Transformation wird nach (1.59) durch

$$\{\bar{\nu}\} = \begin{pmatrix} 1 & 0 & 0 \\ 1 & 2 & 0 \\ 0 & 0 & 1 \end{pmatrix}. \tag{1.64}$$

beschrieben. Der in Abb. 1.23 eingezeichneten Gittergeraden CD mit den hexagonalen Indizes $[210]_{\text{hex}}$ wird mit (1.62) und (1.63) im rhombischen System das Indextripel $[310]_{\text{rh}}$ zugeordnet. Umrechnungen der hexagonalen Indizes in MILLER-BRAVAISsche können mit Hilfe von (1.52) bzw. (1.58) und (1.55) vorgenommen werden, in unserem Beispiel ergäbe sich $(21\bar{3}0)$ und $[10\bar{1}0]$.

2. Symmetrieeigenschaften des Gitters

Die bisher besprochene Translationssymmetrie (vgl. Abschn. 1.11) ist allen Gittern gemeinsam. Im folgenden werden weitere Symmetrieeigenschaften erläutert, die nicht notwendig in jedem Gitter auftreten. Die Translationssymmetrie schränkt die Zahl der möglichen Symmetrien drastisch ein. Ihre Kenntnis kann sowohl dem experimentell als auch dem theoretisch arbeitenden Festkörperphysiker erhebliche Vorteile bringen.

Zahlreiche Symmetrieeigenschaften sind übrigens schon sehr früh, etwa im 17. Jahrhundert durch HUYGENS erkannt worden. Kristalle wurden oft mit einer Oberfläche vorgefunden, die aus regelmäßigen Ebenen bestand. Die quantitative Ermittlung und Systematisierung der Symmetrieeigenschaften führten zu dem Schluß, daß ein regelmäßiger innerer Aufbau vorhanden sein müsse.

2.1. Symmetrieoperationen

Zum Verständnis der Symmetrie untersuchen wir die Abbildungen des dreidimensionalen Raumes, die alle Gitterpunkte[1]) in sich überführen und den Abstand zweier Punkte unverändert lassen. Wir nennen sie *Symmetrieoperationen.*

Im allgemeinen besteht die Abbildung eines beliebigen Punktes $\boldsymbol{r}$ in einen anderen $\boldsymbol{r}'$ entsprechend

$$\boldsymbol{r}' = \boldsymbol{\Omega}\boldsymbol{r} + \boldsymbol{t} \tag{2.1}$$

aus zwei Anteilen, der durch die orthogonale Matrix $\boldsymbol{\Omega}$ beschriebenen Drehung um den Koordinatenursprung $\tilde{\boldsymbol{\Omega}}\boldsymbol{\Omega} = \boldsymbol{\Omega}\tilde{\boldsymbol{\Omega}} = \boldsymbol{1}$ (dabei ist wie in Abschn. 1.21 $\tilde{\boldsymbol{\Omega}}$ die Transponierte zu $\boldsymbol{\Omega}$) und der nach der Drehung auszuführenden Translation $\boldsymbol{t}$ um einen Gittervektor $\boldsymbol{t} = u\boldsymbol{a}_1 + v\boldsymbol{a}_2 + w\boldsymbol{a}_3$ nach (1.1).

Die Transformation (2.1) wird symbolisch mit dem Operator $\{\boldsymbol{\Omega}/\boldsymbol{t}\}$ bezeichnet.

2.2. Symmetrieelemente

Die Gesamtheit der Transformationen (2.1) ordnen wir nach Spezialfällen der Matrix $\boldsymbol{\Omega}$ und des Vektors $\boldsymbol{t}$, aus denen sie sich bilden läßt. Dabei wird berücksichtigt, daß die Determinante von $\boldsymbol{\Omega}$ zweier Werte, nämlich $+1$ oder -1, fähig ist.

---

[1]) Hier ist zunächst an Punkte im Sinne der Geometrie gedacht. Abweichungen davon werden in Abschn. 2.2.6. betrachtet.

Für diese speziellen Transformationen lassen sich anschauliche geometrische Interpretationen geben, die *Symmetrieelemente*. Sie werden im folgenden besprochen. Dabei zeichnen sich diejenigen mit verschwindendem Translationsanteil vor den übrigen dadurch aus, daß sie auch auf Gitter (und damit Kristalle) endlicher Ausdehnung streng angewandt werden können.

2.2.1. *Translation*

Der Fall der reinen Translation ist in (2.1) enthalten, wobei $\mathbf{\Omega} = \mathbf{1}$ und $\boldsymbol{t} = \boldsymbol{R}$ zu wählen ist. In Operatorschreibweise lautet sie $\{\mathbf{1}/\boldsymbol{t}\}$ mit $\mathbf{1}$ als Einheitsmatrix. Auf die weitere Besprechung kann angesichts der Ausführungen in Abschn. 1.1.1. verzichtet werden.

2.2.2. *Drehachse*

Wir nehmen an, das Gitter komme durch die Drehung um die Achse $\boldsymbol{e}_D$ ($|\boldsymbol{e}_D| = 1$) durch den Koordinatenursprung (Drehwinkel φ, positiv im Rechtssinn) mit sich selbst zur Deckung. Der Gitterpunkt $\boldsymbol{R} = u\boldsymbol{a}_1 + v\boldsymbol{a}_2 + w\boldsymbol{a}_3$ geht nach (2.1) in den Punkt $\boldsymbol{R}' = u'\boldsymbol{a}_1 + v'\boldsymbol{a}_2 + w'\boldsymbol{a}_3$ über.

Zwischen $\boldsymbol{R}'$ und $\boldsymbol{R}$ besteht dann ein Zusammenhang über die Eulerschen Formeln

$$\boldsymbol{R}' = \boldsymbol{R} - (\boldsymbol{R} - \boldsymbol{e}_D \cdot \boldsymbol{e}_D \boldsymbol{R})(1 - \cos\varphi) - (\boldsymbol{R} \times \boldsymbol{e}_D)\sin\varphi. \tag{2.2}$$

Durch Vergleich mit (2.1) erhalten die Komponenten Ω_{ik} der *Drehmatrix* $\mathbf{\Omega}$ die Werte

$$\Omega_{ik} = \delta_{ik} - (\delta_{ik} - e_{Di}e_{Dk})(1 - \cos\varphi) - \varepsilon_{ikl}e_{Dl}\sin\varphi \tag{2.3}$$

wobei $\varepsilon_{ikl} = 1$ für $i, k, l = 1, 2, 3;\ 2, 3, 1;\ 3, 1, 2;$ und $\varepsilon_{ikl} = -1$ für $i, k, l = 3, 2, 1;\ 2, 1, 3;\ 1, 3, 2$. Die übrigen ε_{ikl} verschwinden. $\delta_{ik} = 1$ für $i = k$ und $= 0$ für $i \neq k$. Der Drehsinn des Koordinatensystems ändert sich nicht, so daß $\|\mathbf{\Omega}\| = 1$.

Faßt man die Gittervektoren als Spaltenvektoren auf, wird aus (2.1) mit $\boldsymbol{t} = \boldsymbol{0}$

$$\begin{pmatrix} u' \\ v' \\ w' \end{pmatrix} = (\Omega_{ik(a)}) \begin{pmatrix} u \\ v \\ w \end{pmatrix}, \tag{2.4}$$

wobei der Index ($\boldsymbol{a}$) an den Ω_{ik} hier an das Koordinatensystem der $\boldsymbol{a}_i$ erinnern soll.

Für primitive $\boldsymbol{a}_i$ sind die Koeffizienten u, v, w, u', v', w' und damit auch die $\Omega_{ik(a)}$ ganzzahlig. Daraus ergibt sich eine wesentliche Beschränkung der möglichen Drehwinkel φ. Denn stellt man die gleiche Drehung im kartesischen Koordinatensystem dar, d. h., wählt man $\boldsymbol{R} = \sum_{i=1}^{3} x_i \boldsymbol{e}_i$ und $\boldsymbol{R}' = \sum_{i=1}^{3} x_i' \boldsymbol{e}_i$, dann lautet die Transformation in Matrixschreibweise

$$\begin{pmatrix} x_1' \\ x_2' \\ x_3' \end{pmatrix} = (\Omega_{ik}) \begin{pmatrix} x_1 \\ x_2 \\ x_3 \end{pmatrix}, \tag{2.5}$$

wobei die Drehmatrix im Falle $\boldsymbol{e}_D = \boldsymbol{e}_3$ speziell die Form

$$(\Omega_{ik}) = \begin{pmatrix} \cos\varphi & -\sin\varphi & 0 \\ \sin\varphi & \cos\varphi & 0 \\ 0 & 0 & 1 \end{pmatrix} \tag{2.6}$$

annimmt.

Im allgemeinen sind die Ω_{ik} von den $\Omega_{ik(a)}$ verschieden. Aus der Matrixalgebra ist nun aber bekannt, daß es Invarianten gegenüber linearen Transformationen gibt. Eine solche ist die Spur $\mathrm{Sp}\,\boldsymbol{\Omega} = \sum_{i=1}^{3} \Omega_{ii}$. Im vorliegenden Falle muß demnach gelten

$$\sum_{i=1}^{3} \Omega_{ii} = 2\cos\varphi + 1 = \sum_{i=1}^{3} \Omega_{ii} = \text{ganzzahlig} \equiv G. \tag{2.7}$$

Als mögliche Drehwinkel kommen nach (2.7) nur

$$\varphi = \pi,\ \frac{2}{3}\pi,\ \frac{\pi}{2},\ \frac{\pi}{3},\ 0 \text{ bzw. } 2\pi$$

mit

$$G = -1, 0,\ \ 1, 2, 3$$

in Betracht.

Die Drehung 0 bzw. 2π bringt das Gitter trivialerweise mit sich selbst zur Deckung. Allgemein heißt e_D eine *n-zählige Drehachse,* wenn das Gitter bereits nach einer Drehung um $2\pi/n$ erstmals in sich selbst übergeführt wird. Nach den vorstehenden Überlegungen können in

Tabelle 3

Drehachsen

Symbol nach Hermann-Mauguin	1	2	3	4	6	allgemein X
graphisches Symbol	[1]	⬮	▲	◆	⬢	

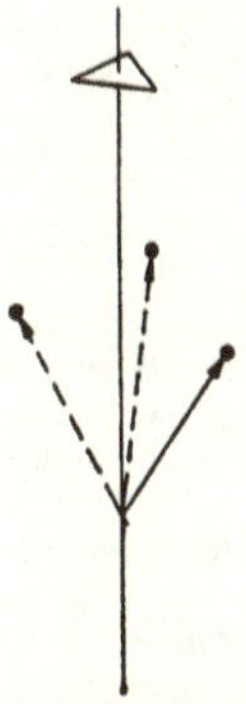

Abb. 2.1. Drehachse 3.

[1]) Kein besonderes Symbol vorgesehen.

Gittern nur die *Zähligkeiten* $n = 1, 2, 3, 4$ und 6[1]) auftreten.

Für die Symmetrieelemente ist ebenfalls eine besondere Symbolik in Gebrauch. Drehachsen werden nach HERMANN und MAUGUIN anhand ihrer Zähligkeit gekennzeichnet. Außerdem finden graphische Symbole, vorwiegend für sterographische Projektion, Verwendung. Zusammengefaßt sind das die in Tab. 3 enthaltenen Bezeichnungen. Abb. 2.1 enthält die Wirkung der 3zähligen Drehachse auf einen Punkt allgemeiner Lage.

2.2.3. Drehinversionsachse

Eine Symmetrieoperation (2.1) mit verschwindender Translation und $\|\Omega_{ik}\| = -1$ heißt *Drehinversion*. Während Translation und Drehung als eigentliche (oder kongruente) Symmetrieoperationen (Operationen I. Art) bezeichnet werden (bringen Objekte mit sich selbst zur Deckung), gehört die Drehinversion zu den uneigentlichen (oder enantiomorphen), denn sie überführen ein Objekt in sein Spiegelbild (Operationen II. Art). Man kann sie sich durch eine *Koppelung* von Drehung und Inversion veranschaulichen.[2]) In kartesischen Koordinaten hat $\{\Omega_{ik}\}$ für eine Drehinversion um die Achse $\boldsymbol{e}_{DI}$

---

[1]) In der Natur finden sich oft z. B. auch 5zählige Drehachsen, wie sie augenfällig z. B. in den Blüten der Geranie zum Ausdruck kommen. In diesen Fällen ist die einschneidende Forderung nach Translationssymmetrie verletzt. Die Ebene läßt sich nicht lückenlos mit regelmäßigen Fünfecken gleicher Größe bedecken.

Für einige Anwendungen (z. B. auf den Vielkristall) ist es weiterhin zweckmäßig, die Zähligkeit $n = \infty$ des Kontinuums einzuführen.

[2]) Neben der Anschaulichkeit spricht noch der Umstand dafür, daß die gruppentheoretische Behandlung davon Gebrauch macht. Die Kopplung ist sorgfältig von der Kombination von Symmetrieelementen zu unterscheiden (vgl. Kap. 2.4.).

(*Drehinversionsachse*) $= \boldsymbol{e}_3$ die Form

$$\{\Omega_{ik}\} = \begin{pmatrix} -\cos\varphi & +\sin\varphi & 0 \\ -\sin\varphi & -\cos\varphi & 0 \\ 0 & 0 & -1 \end{pmatrix}$$

$$= \begin{pmatrix} \cos\varphi & -\sin\varphi & 0 \\ \sin\varphi & \cos\varphi & 0 \\ 0 & 0 & 1 \end{pmatrix} \cdot \begin{pmatrix} -1 & 0 & 0 \\ 0 & -1 & 0 \\ 0 & 0 & -1 \end{pmatrix}, \qquad (2.8)$$

wobei die beiden Faktormatrizen in (2.8) eine Drehung um den Winkel φ um die Achse $\boldsymbol{e}_3$ (vgl. (2.6)) und eine anschließende Inversion am Koordinatenursprung bedeuten.

Auch die Zerlegung der Operation (2.8) in Drehung um $\boldsymbol{e}_3$ und anschließende Spiegelung an einer Ebene senkrecht zu $\boldsymbol{e}_3$ entsprechend

$$\begin{pmatrix} -\cos\varphi & +\sin\varphi & 0 \\ -\sin\varphi & -\cos\varphi & 0 \\ 0 & 0 & -1 \end{pmatrix}$$

$$= \begin{pmatrix} \cos(\pi+\varphi) & -\sin(\pi+\varphi) & 0 \\ \sin(\pi+\varphi) & \cos(\pi+\varphi) & 0 \\ 0 & 0 & 1 \end{pmatrix} \cdot \begin{pmatrix} +1 & 0 & 0 \\ 0 & +1 & 0 \\ 0 & 0 & -1 \end{pmatrix} \qquad (2.9)$$

wird häufig benutzt.[1])

Mit der gleichen Begründung wie der zu (2.7) gegebenen treten in Gittern nur Drehinversionsachsen (auch kurz *Inversionsachsen*) mit den Zähligkeiten der Drehachsen auf. Die Inversion wird durch Überstreichen gekennzeichnet, so daß sich analog zu Abschn. 2.2.2. die in Tab. 4 vorgenommene symbolische Zusammenstellung der möglichen Drehinversionsachsen ergibt.

---

[1]) Die geschilderte Zerlegung darf nicht zu dem Trugschluß verleiten, daß im Gitter mit jeder Drehinversionsachse unabhängig voneinander auch Drehachse und Inversionszentrum oder Drehachse und Spiegelebene vorhanden wären.

Inversionszentrum und Spiegelebene, d. h. nach Tab. 4 die Drehinversionsachsen $\bar{1}$ und $\bar{2}$ werden entsprechend A. SCHÖNFLIES (1891) hervorgehoben und mit i und m bezeichnet. Ebenso wird eine Drehspiegelung mit n-zähliger Drehachse (vgl. (2.9)) gesondert durch S_n ab-

Tabelle 4

Drehinversionsachsen

Symbol nach HERMANN-MAUGUIN[1])	$\bar{1}$	$\bar{2}$	$\bar{3}$	$\bar{4}$	$\bar{6}$	allgemein $\bar{X}$
graphisches Symbol	0	[2])				

gekürzt. Der Zusammenhang mit den Drehinversionsachsen hat damit die Form $m = \bar{2} = S_1$, $\bar{1} = S_2$, $\bar{6} = S_3$, $\bar{4} = S_4$, $\bar{3} = S_6$ und die Zerlegungen (2.8) und (2.9) lauten symbolisch $\bar{1} = 1 \cdot i$, $\bar{2} = 1/m$, $\bar{3} = 3 \cdot i$, $\bar{6} = 3/m$. Der Schrägstrich bedeutet, daß die Drehachse senkrecht auf der Spiegelebene m steht. Die Bezeichnungen S_3 bzw. $\bar{3}$

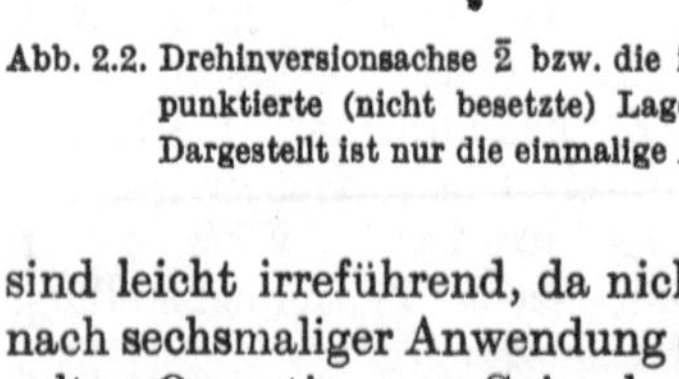

Abb. 2.2. Drehinversionsachse $\bar{2}$ bzw. die ihr entsprechende Spiegelebene. Die punktierte (nicht besetzte) Lage entspricht einer reinen Drehung. Dargestellt ist nur die einmalige Anwendung der Operation.

sind leicht irreführend, da nicht nach drei-, sondern erst nach sechsmaliger Anwendung der entsprechenden gekoppelten Operation von Spiegelung und Drehung (um 120°) bzw. von Inversion und Drehung (um120°) ein Punkt

[1]) Lies: „Eins quer" usw.

[2]) Hierfür wird das Symbol der Spiegelebene — benutzt.

des Raumes mit sich selbst zur Deckung kommt. In Abb. 2.2 ist die Beziehung zwischen zwei gleichwertigen Gitterpunkten u. der 2zähligen Drehinversionsachse dargestellt. $\bar{4}$ ist die einzige Drehinversionsachse, die nicht durch Koppelung einer Drehachse mit *m* oder *i* gebildet werden kann.

2.2.4. *Schraubenachse*

Wenn der Translationsanteil in (2.1) nicht verschwindet und sich durch $\boldsymbol{t} = (p/n)\,(u\boldsymbol{a}_1 + v\boldsymbol{a}_2 + w\boldsymbol{a}_3)$ darstellen läßt, wobei $p = 0, 1, 2, \ldots (n - 1)$ und n die Zähligkeit der Drehung ist, liegt für $\|\boldsymbol{\Omega}\| = 1$ eine *Schraubenachse* vor. Sie kann geometrisch durch eine Koppelung von Drehung und Parallelverschiebung um eine Schraubungskomponente entstanden gedacht werden, die einen ganzzahligen Bruchteil der Translationsperiode $\boldsymbol{R} = u\boldsymbol{a}_1 + v\boldsymbol{a}_2 + w\boldsymbol{a}_3$ in Richtung der Schraubungsachse beträgt.[1])

Dabei ist die Translationskomponente so bemessen, daß bei n-zähliger Drehkomponente (die nach n Operationen den Gesamtdrehwinkel 2π erreicht) ein Gitterpunkt nach n Verschiebungen in eine auf den Ausgangspunkt translatorisch identische Lage gelangt. Wegen $\{(n + 1)/n\}\,\boldsymbol{R} = (1/n)\,\boldsymbol{R} + \boldsymbol{R}$ führen Werte $p > n - 1$ nicht zu neuen Gitterpunkten. Daher kann p obiger Beschränkung unterworfen werden. Für die möglichen Zahlenwerte von n gilt das in 2.2.2 Gesagte, denn die Argumentation ist unabhängig vom Ausgangspunkt des Translationsvektors.

Das Symbol für die Schraubenachse ist X_p. Speziell gilt $X_0 = X$. In Gittern treten demnach folgende mit der Translationssymmetrie verträgliche Schraubenachsen auf,

[1]) Unter $\boldsymbol{t}$ wird hier bereits ein Vektor *parallel zur Drehachse* von $\boldsymbol{\Omega}$ verstanden. Der allgemeinere Fall läßt sich auf diesen zurückführen (s. KELLER).

einschließlich ihrer Entartungen zu Drehachsen (vgl. Tab. 5).

Tabelle 5

Schraubenachsen

Symbol nach HERMANN-MAUGUIN	1	2	2_1	3	3_1	3_2	4_2	4_1	4
graphisches Symbol									

Symbol nach HERMANN-MAUGUIN	4_3	6	6_1	6_2	6_3	6_4	6_5
graphisches Symbol							

Die nachstehend aufgeführten Schraubenachsen unterscheiden sich nur durch Rechts-Links-Symmetrie:

Rechts	3_1	4_1	6_1	6_2
Links	3_2	4_3	6_5	6_4

2_1, 4_2 und 6_3 besitzen weder Rechts- noch Linkssymmetrie und werden *neutral* genannt.

Schraubenachsen mit einem gemeinsamen Faktor q in $n = n'q$ und $p = p'q$ (q ganz, $\neq 1$) entsprechen Schrauben mit q Gängen und daher gleichzeitig Drehachsen der Zähligkeit q. 4_2, 6_2, 6_4 sind somit auch 2zählige Drehachsen, 6_3 ist eine 3zählige. In Abb. 2.3 sind drei Beispiele verschiedener Schraubenachsen nebeneinander dargestellt. Bei der Achse 3_2 erscheinen die Raumelemente

(Pfeile) im rechten Bild wegen der Translationssymmetrie natürlich auch innerhalb der Translationsperiode t, indem das linke Teilbild sinngemäß ergänzt wird.

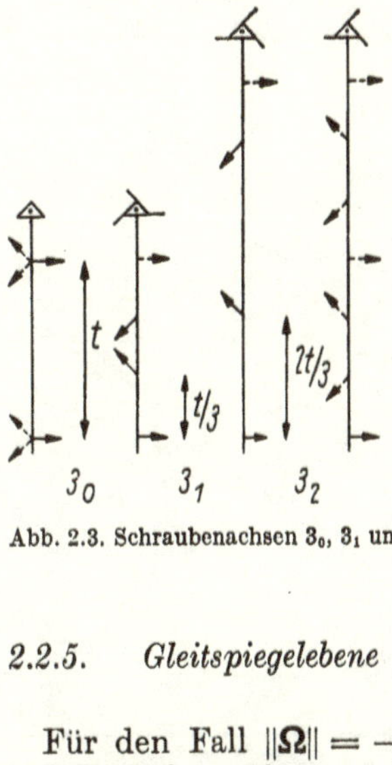

Abb. 2.3. Schraubenachsen 3_0, 3_1 und 3_2

2.2.5. *Gleitspiegelebene*

Für den Fall $\|\boldsymbol{\Omega}\| = -1$ und $\boldsymbol{t} \neq 0$ (vgl. (2.1)) liegt eine Transformation vor, die keinen Punkt fest läßt, aber eine Ebene enthält, die in sich selbst überführt wird. Diese Ebene heißt *Gleitspiegelebene*, da man die Gitterpunkttransformation geometrisch durch Koppelung von Spiegelung und Gleitung parallel zu dieser Ebene realisieren kann (vgl. Abb. 2.4[1])).

Wie noch gezeigt wird, beträgt die zulässige Translationskomponente eine halbe Translationsperiode in Gleitrichtung: $\boldsymbol{t} = \boldsymbol{R}/2$. Je nach Orientierung der Gleitrichtung in bezug auf die konventionellen Koordinaten-

---

[1]) Da die *Gleitspiegelung* eine uneigentliche Symmetrieoperation ist, geht jeder Punkt in sein Spiegelbild über. Daher sind Pfeile eingezeichnet. Man erkennt den Unterschied zur Schraubenachse 2_1.

systeme werden verschiedene Symbole verwendet (vgl. Tab. 6.) Der Buchstabe gibt die *Richtung* der Verschiebung an.

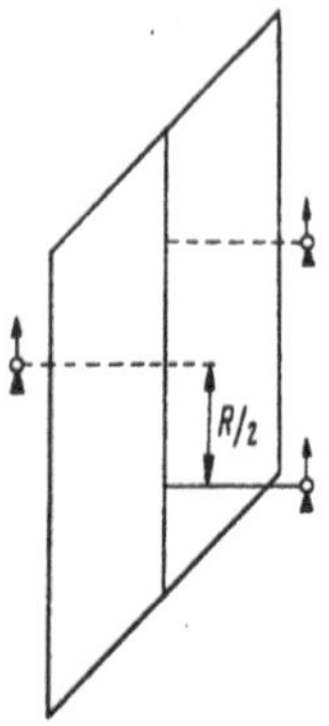

Abb. 2.4. Gleitspiegelebene

Tabelle 6
Gleitspiegelebenen

Symbol	a	b	c	n	d	m
Translationskomponente $\boldsymbol{t}$	$\frac{\boldsymbol{a}}{2}$	$\frac{\boldsymbol{b}}{2}$	$\frac{\boldsymbol{c}}{2}$ od.[1]) $\frac{\boldsymbol{a}+\boldsymbol{b}+\boldsymbol{c}}{2}$	$\frac{\boldsymbol{a}+\boldsymbol{b}}{2}$ $\frac{\boldsymbol{a}+\boldsymbol{c}}{2}$; $\frac{\boldsymbol{b}+\boldsymbol{c}}{2}$	$\frac{\boldsymbol{a}}{4}$ $\frac{\boldsymbol{b}}{4}$ usw.	0

Schraubenachsen und Gleitspiegelebenen werden in der Symbolik nach SCHÖNFLIES nicht direkt bezeichnet.

---

[1]) || [111] im rhomboedrischen Koordinatensystem.

2.2.6. *Antisymmetrieelement*

Die den Symmetrieelementen von Abschn. 2.2.2. bis 2.2.5. zugrundeliegende Symmetrieoperation (2.1) ist zeitunabhängig. Die damit beschriebenen Symmetrieeigenschaften eines Gitters können als zeitlicher Mittelwert aufgefaßt werden.

Wird die Zeitabhängigkeit in Symmetriebetrachtungen einbezogen, dann soll unter einer Symmetrieoperation im nunmehr 4dimensionalen „Ereignis"raum (x_1, x_2, x_3, τ) eine solche verstanden werden, die die Länge eines 4-dimensionalen Vektors $\boldsymbol{r}(x_1, x_2, x_3, \tau)$, also den Ausdruck $x_1^2 + x_2^2 + x_3^2 - c^2\tau^2$, invariant läßt.

Als neues Symmetrieelement mit dieser Eigenschaft tritt neben den schon behandelten zeitunabhängigen die Zeitinversion oder auch *Antiidentität* auf $\mathsf{R}\tau = -\tau$.

Unter Einbeziehung dieses *Antisymmetrieelements* hat die Matrix die Form

$$\boldsymbol{\Omega} = \begin{pmatrix} & \vdots & 0 \\ \Omega_{ik} & \vdots & 0 \\ \cdots\cdots & \vdots & 0 \\ 0\;0\;0 & & \Omega_{44} \end{pmatrix}, \quad \begin{array}{l} \Omega_{ik} = \cos(\boldsymbol{e}_i, \boldsymbol{e}_k) \\ i, k = 1, 2, 3; \quad \Omega_{44} = \pm 1 \end{array} \tag{2.10}$$

Man kann aber auch die Operation R im Dreidimensionalen zur Beschreibung des Vorzeichenwechsels einer Eigenschaft verwenden (bisher wurden nur struktur- und eigenschaftslose Gitterpunkte ineinander überführt!). Als solche kann z. B. die elektrische Ladung oder der Richtungssinn des magnetischen Momentes auftreten. Man spricht auch von *Schwarz-Weiß-Symmetrie*, wenn einander antisymmetrischen Punkten die „Farben" schwarz und weiß zugeordnet werden.

Ist der Gitterpunkt *n* verschiedener „Zustände" oder „Farben" fähig, kann der Symmetriebegriff auf den der „*n-Farbensymmetrie*" erweitert werden. Ein physikalisch interessantes Beispiel hierfür sind z. B. nichtkollineare Spinanordnungen.

Die Koppelung der bisherigen Symmetrieelemente mit dem Antisymmetrieelement wird symbolisch durch einen Strich vermerkt, die zweizählige Antischraubenachse z. B. wird mit $2_1'$ bezeichnet (vgl. Abb. 2.5).

Damit ergeben sich folgende Antisymmetrieelemente (vgl. z. B. SHUBNIKOV und KOPZIK): die Antitranslation $\boldsymbol{R}'$, zu Abschn. 2.2.2. die Antidrehachsen $1'$, $2'$, $3'$,

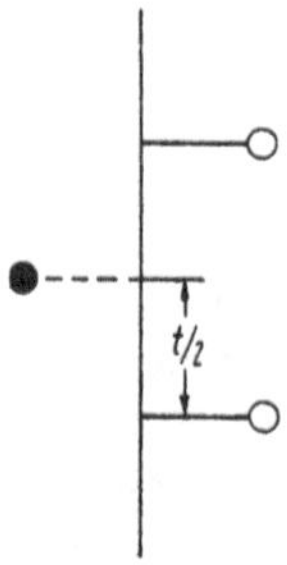

Abb. 2.5. Zweizählige Antischraubenachse $2_1'$.

$4'$, $6'$, zusätzlich zu Abschn. 2.2.4. die Antischraubenachsen $2_1'$, $3_1'$, $3_2'$, $4_1'$, $4_2'$, $4_3'$, $6_1'$, $6_2'$, $6_3'$, $6_4'$, 6_5, darüber hinaus die Antidrehinversionsachsen $\bar{1}'$, $\bar{2}'$, $\bar{3}'$ $\bar{4}'$, $\bar{6}'$ und in Ergänzung zu Abschn. 2.2.5. die Antigleitspiegelebenen a', b', c', n', d'.

2.3. Stereographische Projektion

Eine sehr einfache Darstellungsmöglichkeit der Wirkung von Symmetrieelementen bietet die stereographische Projektion, durch die Geraden des Raumes, d. h. also auch Gittergeraden und Netzebenennormalen, in Punkte einer Ebene abgebildet werden. Sie wird wegen dieser Eigenschaft auch zur Orientierungsbestimmung von Kristallen und verwandten Aufgabenstellungen eingesetzt (vgl. JOHARI, THOMAS). Die Geraden denke man sich durch einen Punkt 0 gehend gegeben.[1]) (s. Abb. 2.6). Ihre

[1]) Auch hier sind Parallelverschiebungen ohne Belang.

Schnittpunkte P mit einer Kugel K[1]) vom Radius 1 um 0 werden wie folgt in einer Ebene E durch 0 abgebildet. Man verbindet P mit einem der beiden ebenenfernsten Punkte auf der Kugeloberfläche, dem Südpol S. Der Schnittpunkt mit E ist die stereographische Projektion P'

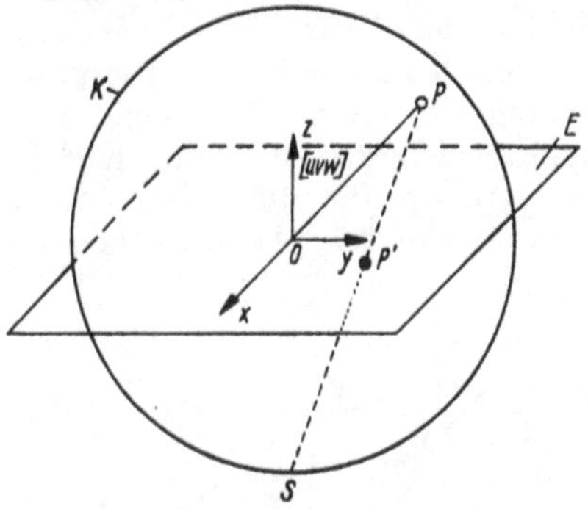

Abb. 2.6. Zur stereographischen Projektion

des Punktes P und damit der Geraden $[uvw]$. Auf diese Weise entsprechen K und E eindeutig einander (dem Südpol wird in der Ebene der unendlich ferne Punkt zugeordnet). In einem rechtwinkligen Koordinatensystem x, y, z mögen x_K, y_K, z_K die Koordinaten der Kugel und x_E, y_E die in der Ebene sein. Dann bestehen folgende Beziehungen

$$x_E = \frac{x_K}{1 - z_K}, \quad y_E = \frac{y_K}{1 - z_K}. \tag{2.11}$$

Eine Netzebene $hx + ky + lz = p$ $(p < 1)$, die K in einem Kreis schneidet, wird in E durch

$$\left(x_E - \frac{h}{p + l}\right)^2 + \left(y_E - \frac{k}{p + l}\right)^2 = \frac{1 - p^2}{(p + l)^2} \tag{2.12}$$

[1]) In der Mathematik als RIEMANNsche Zahlenkugel bezeichnet.

beschrieben. Kleinkreise gehen in Kreise über, Großkreise durch die Pole in Geraden. Die Drehung eines Kristalls um eine feste Achse kann damit durch einen Kreisbogen um einen festen Punkt im Stereogramm dargestellt werden.

Eine sehr wichtige Eigenschaft der stereographischen Projektion ist ihre Winkeltreue, die eine einfache Winkelmessung in der Projektionsebene ermöglicht. Die praktische Arbeit wird durch Gradnetz-Schablonen (z. B. Wulffsches Netz) und Standardprojektionen niedrigindizierter Netzebenennormalen für die verschiedenen Gitter erheblich erleichtert. Abb. 2.7 zeigt die Standard-

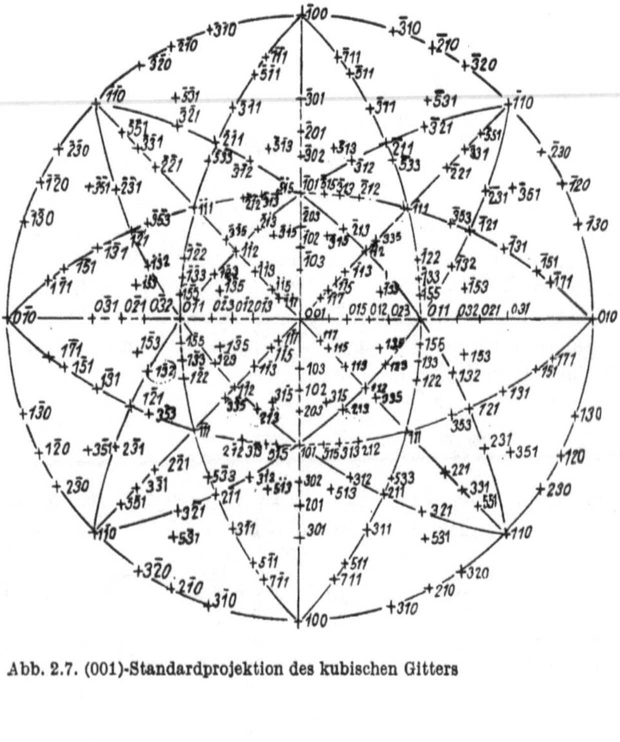

Abb. 2.7. (001)-Standardprojektion des kubischen Gitters

projektion für das kubische Gitter mit der Normale zur (001)-Ebene als Mittelpunkt.

2.4. Kombinationen von Symmetrieelementen

Wir fragen nunmehr, welche der in Kap. 2.2. erläuterten Symmetrieelemente unabhängig voneinander im gleichen Gitter auftreten können und nach den Bedingungen, unter denen dies der Fall ist. Ein solches Nebeneinander heiße *Kombination.* Jeder Gitterpunkt ist besetzt, der es wegen der Anwesenheit *eines* Symmetrieelementes aus der Kombination sein sollte.

2.4.1. Kombination von Drehachsen und Drehinversionsachsen (Punktgruppen)

Wir schließen zunächst die Translation aus der Betrachtung aus, lassen also nur endliche Gitter zu. Da offenbar die Kombination von Drehachsen und/oder Drehinversionsachsen, die sich nicht in einem Punkte schneiden, eine Translation beinhaltet, werden hier nur Kombinationen dieser Symmetrieelemente in einem Punkte untersucht. Da sie eine Gruppe im Sinne der Gruppentheorie bilden, heißen sie *Punktgruppen.* Wegen ihrer Bedeutung für die Kristallsystematik anhand der äußeren Form wird für Kristalle einer bestimmten Punktgruppensymmetrie auch der Begriff *Kristallklasse* gebraucht.

Die Anwesenheit zweier Drehachsen zieht stets die einer dritten nach sich, die i. allg. gegen die beiden ersten geneigt ist. Diese neue Drehachse muß mit der Translationssymmetrie des Gitters verträglich sein. Nach dem Kosinussatz der sphärischen Trigonometrie ist der Winkel φ_{12} zwischen den Achsen $\boldsymbol{e}_{D1}$ und $\boldsymbol{e}_{D2}$ durch

$$\cos \varphi_{12} = \frac{\cos(\varphi_3/2) + \cos(\varphi_1/2)\cos(\varphi_2/2)}{\sin(\varphi_1/2)\sin(\varphi_2/2)} \tag{2.13}$$

festgelegt, wo die φ_i die Drehwinkel der Achsen $\boldsymbol{e}_i$ ($i = 1, 2, 3$) sind[1]) (vgl. Abb. 2.8). Da nach Abschn. 2.2.2. und 2.2.3. nur wenige Werte für die Drehwinkel φ_i mit der Translationssymmetrieforderung des Gitters verein-

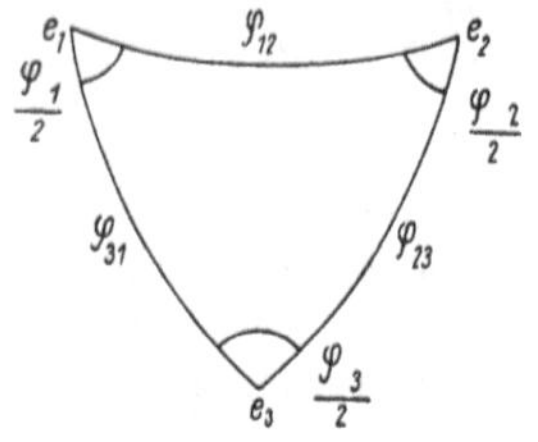

Abb. 2.8. Zur Kombination der drei Drehachsen $\boldsymbol{e}_1$, $\boldsymbol{e}_2$, $\boldsymbol{e}_3$

bart werden können, ist durch (2.13) die Zahl der erlaubten Kombinationen ebenfalls stark beschränkt.[2]) Es sind dies folgende 6 Kombinationen von Drehachsen, wobei die Drehachsensymbole hintereinander aufgeschrieben werden:

$$222 \quad 223 \quad 224 \quad 226 \quad 233 \quad 234. \tag{2.14}$$

Die erlaubten[3]) Winkel φ_{ik} zwischen den Achsen ergeben sich aus (2.13). Bei Kombinationen unter Beteiligung von Drehinversionsachsen ist folgendes zu beachten:

1. Eine n-zählige Drehachse kann mit einer dazu parallelen n-zähligen Drehinversionsachse koexistieren.[4])

---

[1]) Durch aufeinanderfolgende Anwendung der Drehoperationen $\boldsymbol{e}_1$ und $\boldsymbol{e}_2$ auf die Achse $\boldsymbol{e}_3$ muß diese in sich selbst überführt werden, sonst wäre $\boldsymbol{e}_3$ keine selbständige Drehachse. Das ist nur gewährleistet, wenn in Abb. 2.8 $\sphericalangle\, e_2 e_1 e_3 = \varphi_1/2$ und $\sphericalangle\, e_1 e_2 e_3 = \varphi_2/2$ ist. Analog hat man $\sphericalangle\, e_1 e_3 e_2 = \varphi_3/2$ (vgl. auch BUERGER).

[2]) Die Anordnungsmöglichkeiten von mehr als 3 Drehachsen untersucht man so, daß zunächst 3 herausgegriffen werden und schrittweise die Anordnung der vierten in bezug auf alle vorhandenen geprüft wird.

[3]) Andernfalls ist $\cos \varphi_{ik} \geq 1$. Für die Kombinationen 236, 244, 333 wird $\varphi_{12} = 0$ und damit werden diese Fälle trivial.

[4]) Als Folge der Translationssymmetrie aller Gitter.

2. Bei Anwesenheit dreier gegeneinander geneigter Achsen müssen uneigentliche stets paarweise auftreten.[1])

3. Die Kombination mit $\bar{1}$ erzeugt zusätzliche Symmetrieelemente.

In bezug auf die Symbolik der Kombination werden folgende Vereinbarungen getroffen: X/m bzw. $\frac{X}{m} \triangleq X \perp m$, $X2 \triangleq X \perp 2$, $Xm \triangleq X \| m$, $\bar{X}2 \triangleq \bar{X} \perp 2$, $\bar{X}m \triangleq \bar{X} \| m$, $X/m\, m$ bzw. $\frac{X}{m}\, m = X \perp m$ und $\| m$.

Auf diese Weise entstehen weitere 16 verschiedene Kombinationen ((2.15 bis (2.17)) (vgl. Buerger)

$$\frac{2}{\bar{2}} \quad \frac{4}{\bar{4}} \quad \frac{6}{\bar{6}} \tag{2.15}$$

$$2\bar{2}\bar{2} \quad \bar{2}\bar{2}3 \quad 2\bar{2}\bar{3} \quad \bar{2}\bar{2}4 \quad 2\bar{2}\bar{4} \quad \bar{2}\bar{2}6 \quad \bar{2}3\bar{4} \tag{2.16}$$

$$\frac{2}{\bar{2}}\frac{2}{\bar{2}}\frac{2}{\bar{2}} \quad \frac{2}{\bar{2}}\frac{2}{\bar{2}}\frac{3}{\bar{3}} \quad \frac{2}{\bar{2}}\frac{2}{\bar{2}}\frac{4}{\bar{4}} \quad \frac{2}{\bar{2}}\frac{2}{\bar{2}}\frac{6}{\bar{6}} \quad \frac{2}{\bar{2}}\frac{3}{\bar{3}}\frac{3}{\bar{3}} \quad \frac{2}{\bar{2}}\frac{3}{\bar{3}}\frac{4}{\bar{4}} \tag{2.17}$$

Die 32 Punktgruppen bestehen daher aus 13 einachsigen (Tab. 3, 4, (2.15)) und 19 mehrachsigen Klassen ((2.14), (2.16), (2.17)) oder aus 11 Klassen, die nur Symmetrieelemente 1. Art (Tab. 3, (2.14)), aus 11 Klassen die Symmetrieelemente 2. Art mit Inversionszentrum ($\bar{1}$, $\bar{3}$, (2.15), (2.17))[2]) und 10 Klassen, die Symmetrieelemente 2. Art ohne Inversionszentrum ($\bar{2}$, $\bar{4}$, $\bar{6}$, (2.16)) enthalten.

In Tab. 7 sind die 32 Punktgruppen unter Berücksichtigung der üblichen Schreibweise mit dem Symbol für

---

[1]) Vgl. dazu (2.8) und (2.6): Zwei Drehinversionen müssen eine reine Drehung um die dritte Achse ergeben, weil $(-1)(-1) = 1$.

[2]) Dies sind 11 sog. Laue-*Gruppen*, die mit dem Röntgeninterferenzverfahren nach Laue, durch das selbst ein Symmetriezentrum addiert wird, unterschieden werden können.

Tabelle 7

Punktgruppen

Kristallsystem	Bezeichnung nach HERMANN-MAUGUIN voll[1])	kurz[2])	SCHÖNFLIES
triklin	1	1	C_1
	$\bar{1}$	$\bar{1}$	$C_i = S_2$
monoklin	2	2	C_2
	m	m	$C_s = C_{1h}$
	$\frac{2}{m}$	$\frac{2}{m}$	C_{2h}
rhombisch	222	222	$D_2 = V$
	$mm2$	$mm2$	C_{2v}
	$\frac{2}{m}\frac{2}{m}\frac{2}{m}$	mmm	$D_{2h} = V_h$
trigonal	3	3	C_3
	$\bar{3}$	$\bar{3}$	$C_{3i} = S_6$
	32	32	D_3
	$3m$	$3m$	C_{3v}
	$\bar{3}\frac{2}{m}$	$\bar{3}m$	D_{3d}
hexagonal	6	6	C_6
	$\bar{6}$	$\bar{6}$	C_{3h}
	$\frac{6}{m}$	$\frac{6}{m}$	C_{6h}
	622	62	D_6
	$6mm$	$6mm$	C_{6v}
	$\bar{6}m2$	$\bar{6}m2$	D_{3h}
	$\frac{6}{m}\frac{2}{m}\frac{2}{m}$	$\frac{6}{m}mm$	D_{6h}

Tabelle 7 (Fortsetzung)

Kristallsystem	Bezeichnung nach HERMANN-MAUGUIN voll[1])	kurz[2])	SCHÖNFLIES
tetragonal	4	4	C_4
	$\bar{4}$	$\bar{4}$	S_4
	$\frac{4}{m}$	$\frac{4}{m}$	C_{4h}
	422	42	D_4
	$4mm$	$4mm$	C_{4v}
	$\bar{4}2m$	$\bar{4}2m$	$D_{2d} = V_d$
	$\frac{4}{m}\frac{2}{m}\frac{2}{m}$	$\frac{4}{m}mm$	D_{4h}
kubisch	23	23	T
	$\frac{2}{m}\bar{3}$	$m3$	T_h
	$\bar{4}3m$	$\bar{4}3m$	T_d
	432	43	O
	$\frac{4}{m}\bar{3}\frac{2}{m}$	$m3m$	O_h

[1]) Die volle Bezeichnung enthält alle Arten der vorhandenen Symmetrieelemente außer den darin notwendig enthaltenen (z. B. ist in $\bar{3}$ sowohl 3 als auch $\bar{1}$ enthalten). Im Zusammenhang mit Abb. 2.12 erkennt man die Anordnung der Elemente (z. B. $\frac{4}{m}\bar{3}\frac{2}{m}$: drei $4 \parallel \langle 100 \rangle$, drei $m \perp \langle 100 \rangle$, vier $\bar{3} \parallel \langle 111 \rangle$, sechs $2 \parallel \langle 110 \rangle$ und sechs $m \perp \langle 110 \rangle$).

[2]) Die Kurzbezeichnung enthält nur die zur eindeutigen Bestimmung notwendigen Symmetrieelemente, dasselbe gilt für die Raumgruppensymbolik (vgl. Abschn. 2.4.2.).

die Spiegelebene m und der Identitäten $\frac{3}{\bar{3}} = \bar{3}$, $\frac{4}{\bar{4}} = \frac{4}{m}$, $\frac{6}{\bar{6}} = \frac{6}{m}$ zusammengefaßt. Daneben ist die ältere Bezeichnung nach SCHÖNFLIES mit angegeben.

Symmetrien ausgezeichneter Punkte in den BRILLOUIN-Zonen der Abb. 1.8 sind in Tab. 7A zusammengestellt.

Tabelle 7A

Punktsymmetrie ausgezeichneter Punkte in den BRILLOUIN-Zonen kubischer und hexagonaler BRAVAIS-Gitter (vgl. Abb. 1.8)

Kubische Gitter

Punkt-lage	Punkt-symmetrie	Punkt-lage	Punkt-symmetrie	Punkt-lage	Punkt-symmetrie
Γ	$m3m$ (O_h)	Δ	$4mm$ (C_{4v})	K	mm (C_{2v})
H	$m3m$ (O_h)	T	$4mm$ (C_{4v})	S	mm (C_{2v})
R	$m3m$ (O_h)	N	mmm (D_{2h})	Z	mm (C_{2v})
P	$\bar{4}3m$ (T_d)	W	$\bar{4}2m$ (D_{2d})	D	mm (C_{2v})
X	$\frac{4}{m}mm$ (D_{4h})	Λ	$3m$ (C_{3v})	G	mm (C_{2v})
M	$\frac{4}{m}mm$ (D_{4h})	F	$3m$ (C_{3v})	U	mm (C_{2v})
L	$\bar{3}m$ (D_{3d})	Σ	mm (C_{2v})	Q	2 (C_2)

Allgemeine Punkte im Inneren der Zonen und solche auf den sechseckigen Begrenzungsflächen der BZ des kflz. Gitters (vgl. Abb. 1.8c) besitzen nur das Symmetrieelement 1. Alle übrigen allgemeinen Punkte auf den Begrenzungsflächen haben die Punktsymmetrie m (C_s). Das trifft auch für Punkte auf den Flächen $k_1, k_2, k_3 = 0$; $k_1 = \pm k_2, \ldots$ zu.

Hexagonales Gitter

Punkt-lage	Punkt-symmetrie	Punkt-lage	Punkt-symmetrie	Punkt-lage	Punkt-symmetrie
Γ	$\frac{6}{m}mm$ (D_{6h})	M	mmm (D_{2h})	T'	mm (C_{2v})
A	$\frac{6}{m}mm$ (D_{6h})	L	mmm (D_{2h})	U	mm (C_{2v})
K	$\bar{6}m2$ (D_{3h})	P	$3m$ (C_{3v})	R	mm (C_{2v})
H	$\bar{6}m2$ (D_{3h})	Σ	mm (C_{2v})	S	mm (C_{2v})
Δ	$6mm$ (C_{6v})	T	mm (C_{2v})	S'	mm (C_{2v})

Allgemeine Punkte im Inneren 1, auf Symmetrieebenen m (C_s).

Die Projektion der Symmetrieoperationen in eine bestimmte Netzebene wird durch die *Projektionssymmetrie* beschrieben (Zusammenstellung vgl. Internationale Tabellen). Daraus kann dann die auf ein bestimmtes Nachweisverfahren für Symmetrieelemente, wie z. B. LAUE-Interferenz-Technik und Ätztechnik, ansprechende Sym-

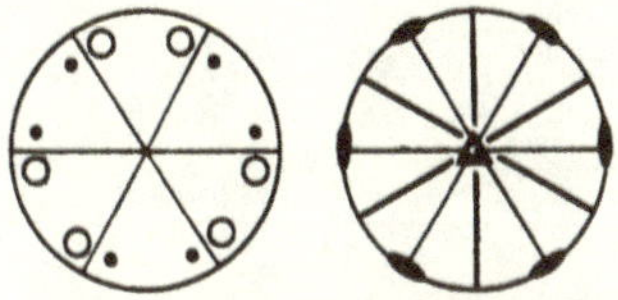

Abb. 2.9. Stereogramm der Punktgruppe $\bar{3}m$. Links: Pole allgemeiner Richtung

metrie abgeleitet werden. Beispielsweise sind für die Ätzfigurensymmetrie der Punktgruppe $6/mmm$ in bestimmten Netzebenen folgende Projektionen maßgebend: (0001) $6mm$, $\{10\bar{1}0\}$ $2mm$, $\{11\bar{2}0\}$ $2mm$, $\{hki0\}$ m, $\{h0\bar{h}l\}$ m, $\{hh2\bar{h}\,l\}$ m, $\{hkil\}$ 1.

Ein Beispiel für die stereographische Projektion einer Punktgruppe enthält Abb. 2.9. (vgl. auch Abb. 2.9A, Seite 156).

2.4.2. *Kombination aller (nichtantisymmetrischen) Symmetrieelemente (Raumgruppen)*

Wird die Translation in die Betrachtung mit einbezogen, dann stellt man wiederum nur eine begrenzte Zahl von Kombinationsmöglichkeiten fest, die mit der Translationssymmetrieforderung vereinbar sind. Eine solche Kombination nennt man *Raumgruppe*, da sie nicht einen Punkt, sondern nur den (unendlich ausgedehnten) Raum des Gitters unverändert läßt.

Eine Ableitung kann aus Platzgründen hier nicht gegeben werden. Man kann etwa so vorgehen, zu den Punktgruppen schrittweise die Translation, die Schraubenachse und die Gleitspiegelebene hinzuzukombinieren.

Zur Illustration der Wirkungsweise sei der einfache Fall der Kombination von n-zähliger Drehachse (A in Abb. 2.10) und Translation $\boldsymbol{t}$ senkrecht zur Drehachse betrachtet. Um die Transformation aller Punkte zu übersehen, betrachten wir eine spezielle Gerade 1, die nach

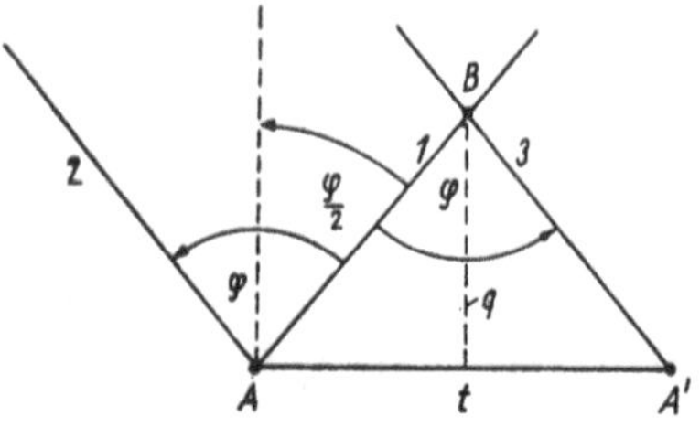

Abb. 2.10. Zur Kombination von Drehachse und Translation

Drehung um $\varphi = 2\pi/n$ in die Lage 2 symmetrisch in bezug auf $\boldsymbol{t}$ zu liegen kommt. Die anschließende Translation führt 2 in 3 über. Die resultierende Bewegung der Kombination von Drehachse A mit der Translation $\boldsymbol{t}$ kann als Drehung um eine n-zählige Achse durch den festgebliebenen Schnittpunkt B beschrieben werden, die die Mittelsenkrechte von $\boldsymbol{t}$ im Abstand $q = (t/2) \cot (\varphi/2)$ schneidet. Drehachse und Translation erzeugen so eine zusätzliche Drehachse im Gitter. Die Beziehung für q regelt die räumliche Anordnung dreier paralleler n-zähliger Drehachsen.

Die zugehörigen Raumgruppen ergeben sich durch Kombination mit allen wesentlich verschiedenen Translationen derjenigen unter den 14 Bravais-Gittern, die mit der Drehachse verträglich sind. Als Beispiel werde eine 2-zählige Drehachse im einfach-monoklinen Gitter (vgl. Abb. 1.3 und Tab. 1) betrachtet. Die Drehachse liege parallel zu c im Koordinatenursprung. Die Translationssymmetrie erfordert zusätzlich die aus Abb. 2.11a zu entnehmenden Lagen in der Elementarzelle. Wegen $\varphi = \pi$ wird $q = 0$, so daß sich insgesamt die in Abb. 2.11b wiedergegebene Anordnung zweizähliger Achsen ergibt. Als Raumgruppensymbol wählt man die Bezeichnung des Translationsgitters und der Symmetrieelemente, im vorliegenden Beispiel also $P2$.

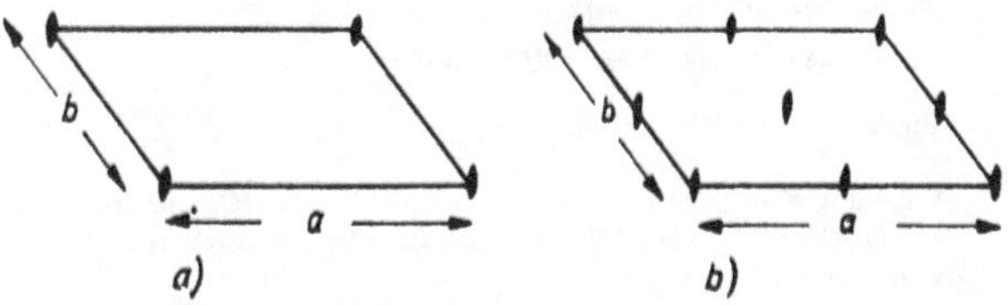

Abb. 2.11. Kombination einer zweizähligen Drehachse mit Translationen im einfach-monoklinen Gitter

Eine zu Abb. 2.11b analoge Darstellung aller Symmetrieelemente der 230 verschiedenen Raumgruppen in der Elementarzelle wird z. B. in den Internationalen Tabellen und von Kopzik gegeben (vgl. z. B. Abb. 2.11A).

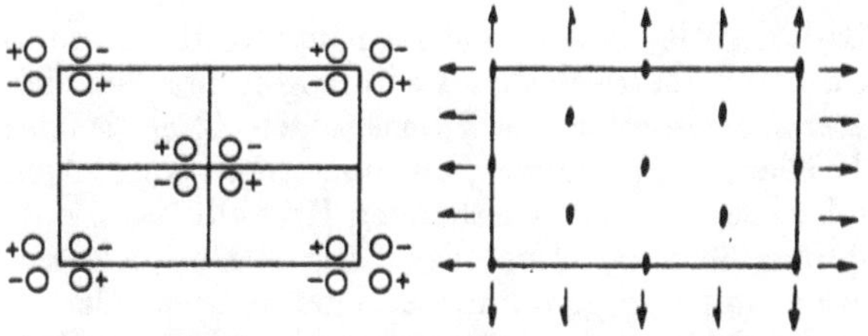

Abb. 2.11 A. Beispiel der Raumgruppe $C222$. Links: Projektion äquivalenter Punkte allgemeiner Lage; + bedeutet Abstand z oberhalb, − unterhalb der Zeichenebene. a_1-Achse nach unten, a_2 nach rechts. Rechts: Symmetrieelemente.

Das Raumgruppensymbol besteht aus einem Buchstaben zur Kennzeichnung der *Translationsgruppe* (Tab. 8, vgl. Abb. 1.3) und den Symmetrieelementen in bezug auf maximal drei vereinbarte Richtungen (vgl. dazu Abb. 2.12).

Tabelle 8
Symbole für Translationsgruppen

Symbol	Bedeutung
P	Primitive Translation. Darstellbar durch Zelle, die keinen den Ecken gleichwertigen Punkt enthält.
C	Einseitige flächenzentrierte Elementarzelle. Den Eckpunkten ist der Punkt $\frac{1}{2}\,\frac{1}{2}\,0$ gleichwertig.
A, B	Geht aus P hervor, wenn anstelle der Begrenzungsfläche senkrecht zur x_3-Richtung (wie im Falle C) diejenige senkrecht zu x_1 oder zu x_2 zentriert wird.
I	Innen- oder Raumzentrierung der Zelle. Der Punkt $\frac{1}{2}\,\frac{1}{2}\,\frac{1}{2}$ ist den Ecken gleichwertig.
F	Allseitige Flächenzentrierung. Den Eckpunkten gleichwertig sind die Koordinaten $0\,\frac{1}{2}\,\frac{1}{2}$, $\frac{1}{2}\,0\,\frac{1}{2}$ und $\frac{1}{2}\,\frac{1}{2}\,0$.
R	Rhomboedrische Zelle, vgl. Abb. 1.20A.

2.4.3. *Einbeziehung des Antisymmetrieelementes (Heesch-Schubnikov-Klassen und -Gruppen)*

Wird die Antisymmetrieoperation mit in die Kombination der Symmetrieelemente einbezogen, ergeben sich ohne Berücksichtigung der Translationen 32 *graue* oder *neutrale* Klassen (die durch Hinzufügen der einzähligen Antidrehachse 1′ zu allen bisherigen Kristallklassen entstehen) und 58 *zweifarbige* oder *Schwarz-Weiß-Klassen.* Gemeinsam mit den gewöhnlichen oder *polaren* Klassen (die nur das Quadrat der Antisymmetrieoperation enthalten) hat man somit 122 Heesch-Schubnikov-Klassen.

Wird die Translation berücksichtigt, erhöht sich die Zahl der Kombinationen aller Symmetrieelemente auf 1651 Heesch-Schubnikov-Gruppen. Neben den 230 gewöhnlichen oder polaren Gruppen gehören 230 neutrale und 1191 zweifarbige dazu. Unter den letzteren finden sich 517 Gruppen mit Antitranslation.

Für eine vollständige Darstellung sei auf Kopzik verwiesen.

Kristallsystem	Koordinatenachsen[1])[2])	Bemerkungen	zugehörige Punktgruppen
triklin	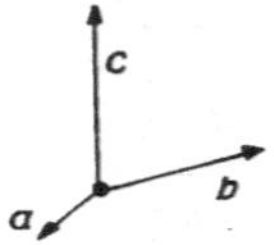	$c > b > a$	$1, \bar{1}$
monoklin	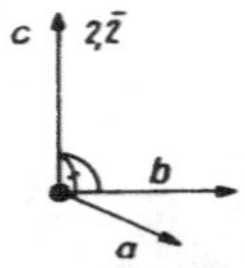 1. Aufstellung 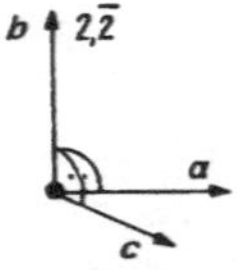 2. Aufstellung	1. Aufstellung $b > a$ 2. Aufstellung $a > c$	$2, m, 2/m$
rhombisch	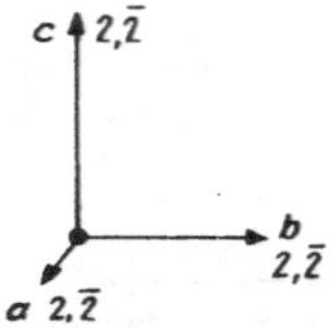	$c > b > a$ oder $b > a > c$	$222, \bar{2}\bar{2}2 = mm2$ $\frac{2}{m}\frac{2}{m}\frac{2}{m}$

Kristallsystem	Koordinatenachsen[1])[2])	Bemerkungen	zugehörige Punktgruppen
trigonal	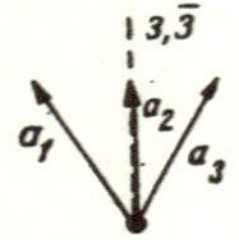	3 oder $\bar{3}$ ‖ [111] 2 oder $\bar{2}$ ‖ $\langle 1\bar{1}0\rangle$ oder $\langle 11\bar{2}\rangle$ Falls hexagonales Achsenkreuz benutzt wird, dann $\boldsymbol{c}$ ‖ 3, $\bar{3}$ und $\boldsymbol{a}_1$, $\bar{\boldsymbol{a}}_2$, $\boldsymbol{a}_3$ ‖ 2, $\bar{2}$.	3, $\bar{3}$, 32, 3m, m
hexagonal	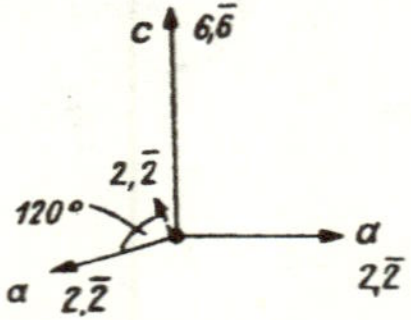	2 oder $\bar{2}$ an zweiter Stelle ‖ $\boldsymbol{a}_1$, $\boldsymbol{a}_2$, $\boldsymbol{a}_3$. 2 oder $\bar{2}$ an dritter Stelle ⊥ $\boldsymbol{a}_1$, $\boldsymbol{a}_2$, $\boldsymbol{a}_3$ in (0001). Falls rhombisches Achsenkreuz, dann $\boldsymbol{c}$ ‖ 6, $\bar{6}$	6, $\bar{6}$, $\frac{6}{m}$, 622, 6mm, $\bar{6}m$2, $\frac{6}{m}\frac{2}{m}\frac{2}{m}$
tetragonal	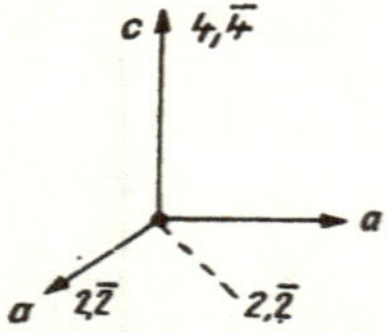	2 oder $\bar{2}$ an zweiter Stelle ‖ $\boldsymbol{a}$. 2 oder $\bar{2}$ an dritter Stelle ‖ [110] und $[1\bar{1}0]$	4, $\bar{4}$, $\frac{4}{m}$, 422, 4mm, $\bar{4}2m$, $\frac{4}{m}\frac{2}{m}\frac{2}{m}$

Kristallsystem	Koordinatenachsen[1][2]	Bemerkungen	zugehörige Punktgruppen
kubisch	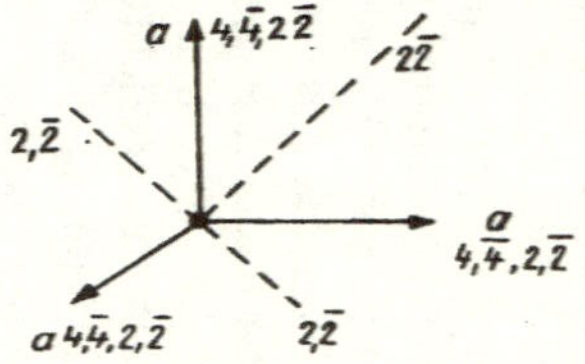	4, $\bar{4}$, 2, $\bar{2}$ an erster Stelle ‖ ⟨100⟩ 3, $\bar{3}$ ‖ ⟨111⟩ 2, $\bar{2}$ an dritter Stelle ‖ ⟨110⟩	23, $\frac{2}{m}\bar{3}$, 432, $\bar{4}3m$, $\frac{4}{m}\bar{3}\frac{2}{m}$

Abb. 2.12. Koordinatenwahl für die 7 Kristallsysteme

[1]) Vgl. dazu Abb. 1.3.

[2]) Falls eine Koordinatenachse durch keine Symmetrieelemente festgelegt ist, wird sie in Richtung der kürzesten bzw. zweitkürzesten Translationsperiode orientiert.

2.5. Kristallsysteme

Die konventionelle Wahl der Koordinatensysteme in den 14 Gittern (vgl. Teil 1) erfolgt mit Rücksicht auf die vorhandenen Punktsymmetrieelemente. Die Koordinatenachsen werden möglichst Drehachsen oder Drehinversionsachsen hoher Zähligkeit parallel gelegt. Aus Abb. 1.3 ging bereits hervor, daß die 14 Bravais-Gitter durch 7 wesentlich verschiedene Koordinatensysteme beschrieben werden. In Abb. 2.12 sind nun die Orientierungen der bestimmenden Symmetrieelemente der 32 Punktgruppen in bezug auf die Koordinatenachsen angegeben, so daß man die Zweckmäßigkeit der in Teil 1 nicht näher begründeten Achsenwahl erkennt. Alle Klassen, die durch das gleiche Koordinatensystem beschrieben werden können, gehören zum gleichen *Kristallsystem*[1]).

3. Ungestörte Kristallstrukturen

Aus Interferenzen mit z. B. Röntgen- und Neutronenstrahlen kann, wie schon in Teil 1 erwähnt, zunächst die Kristallsymmetrie erschlossen werden, d. h. das Kristallsystem und die Raumgruppe[2]) (vgl. Kap. 2.5, Abschn. 2.4.2.). Unter Berücksichtigung weiterer Informationen, wie z. B. der Zahl der Atome in der Elementarzelle, wird dann eine Atomanordnung für die Elementarzelle ermittelt, die mit dieser Symmetrie und den gestreuten Intensitäten verträglich ist. Auf die Darstellung der Verfahren müssen wir in diesem Rahmen verzichten. Für Übersichten sei auf Lipson und Cochran verwiesen.

Im folgenden Teil 3 kann keineswegs Vollständigkeit in der Beschreibung der experimentell ermittelten Struk-

---

[1]) Die Punktsymmetrie aller Bravais-Gitter (Abb. 1.3) eines Kristallsystems ist die jeweils höchste des Systems (vgl. Tab. 7, S. 74).

[2]) Um die An- oder Abwesenheit eines Symmetriezentrums nachzuweisen, muß man noch andere Hilfsmittel zu Rate ziehen.

turen angestrebt werden. Vielmehr sollen einige geometrische Prinzipien ihres Aufbaus und grundlegende Begriffe an Beispielen erläutert werden. Der Strukturnachweis im Einzelfall ist Gegenstand umfangreicher Strukturtabellen und ausführlicher Werke der Kristallchemie, deren Benutzung durch die anschließenden Ausführungen erleichtert werden soll. Abweichungen von der strengen Translationssymmetrie werden zunächst aus der Betrachtung ausgeschlossen.

3.1. Strukturbegriff

Unter der Kristallstruktur eines Stoffes wird üblicherweise die Gesamtheit der zeitlich gemittelten Koordinaten aller Atomkerne in bezug auf die konventionelle Elementarzelle (vgl. Tab. 1) verstanden. Dabei beziehen sich die zugrundeliegenden experimentellen Werte auf makroskopische Kristallvolumina, also auf eine mittlere Elementarzelle aus mehr als 10^9 möglicherweise etwas verschiedenen. Über Kristallbaufehler (vgl. Teil 4) wird, sofern sie überhaupt in nennenswerten Konzentrationen auftreten, ebenso gemittelt.[1])

Die physikalische Interpretation von Festkörpereigenschaften verlangt in zunehmendem Maße auch Angaben zur räumlichen Verteilung der Elektronen und magnetischen Momente, die dann im weiteren Sinne zur Kristallstruktur gezählt werden können.

Wie schon in Kap. 1.1. angegeben, kann jede beliebige Kristallstruktur nach geeigneter Zusammenfassung der atomaren Bausteine durch eines der 14 Bravais-Gitter dargestellt werden. Der Mannigfaltigkeit der Strukturen sind im Gegensatz zu ihren Gittern keine Grenzen gesetzt. Man kann die Vielzahl der bis zum gegenwärtigen Zeitpunkt entdeckten Strukturen nun durch eine Reihe geeigneter Begriffsbildungen überschaubar machen, von

---

[1]) Die Ergebnisse werden nach Möglichkeit von diesem Einfluß befreit.

denen einige wichtige in den folgenden Abschnitten erläutert werden sollen.

Dabei werden geometrische Bauprinzipien erkennbar, anhand derer sich das empirische Material teilweise ordnen läßt. Sie können als Argumente für die Stabilität einer bestimmten Struktur (*Strukturargumente*) gelten, solange ein quantitatives Verständnis aus ersten Prinzipien der Physik noch aussteht oder dieses des Aufwandes wegen nicht gesucht wird.

Die Vektorbeschreibung der mittleren Kernorte erfolgt aus Gründen der Zweckmäßigkeit durch die Vektorsumme

$$\boldsymbol{R}_m{}^n = \boldsymbol{R}_m + \boldsymbol{r}_n \qquad m = uvw,^{1)}\ n = 1 \ldots N, \tag{3.1}$$

wobei $\boldsymbol{R}_m$ die Lage einer Elementarzelle bezeichnet, die den Gitterpunkt $u\boldsymbol{a}_1 + v\boldsymbol{a}_2 + w\boldsymbol{a}_3$ enthält (rationale Kristalleigenschaft) und $\boldsymbol{r}_n = x_1{}^{(n)}\boldsymbol{a}_1 + x_2{}^{(n)}\boldsymbol{a}_2 + x_3{}^{(n)}\boldsymbol{a}_3$ die Lage des n-ten Atomkernes in bezug auf die Koordinatenachsen dieser Elementarzelle angibt (i. allg. irrationale Kristalleigenschaft, daher $x_i{}^{(n)}$ beliebige reelle Zahlen $-1 \leq x_i{}^{(n)} \leq 1$). Für $\boldsymbol{R}_m$ wird gewöhnlich ein Gitterpunkt mit ganzzahligen uvw gewählt. Der Vektor entspricht dem in Teil 1 verwendeten Gittervektor $\boldsymbol{R}$, für den eine Indizierung dort nicht erforderlich war.

3.2. Gitterkomplex

Der Begriff des *Gitterkomplexes* ist von P. Niggli (1919) eingeführt und später von Hermann (1935) sowie Donnay, Hellner und A. Niggli (1966) erweitert worden, um ausdrücken zu können, daß eine bestimmte Anordnung von Teilchen in verschiedenen Raumgruppen möglich ist.

Ein Gitterkomplex ist definiert als Gesamtheit aller Punkte in der Elementarzelle (auch *Äquivalentlagen*), die durch die Raumgruppensymmetrieoperationen unter Einschluß der Translation miteinander verknüpft sind.

---

[1]) Der Index m ist als symbolische Abkürzung für das Tripel uvw zu verstehen

Die Wirkung dieser Symmetrieoperationen auf einen Punkt allgemeiner Lage (Koordinaten $x\,y\,z$) hat dessen Vervielfachung zur Folge. Die Zahl der Äquivalentlagen nimmt ab, wenn xyz auf einem Symmetrieelement oder gleichzeitig auf mehreren liegt (*Punkt spezieller Lage*). Die Zahl dieser Punkte heißt *Zähligkeit des Gitterkomplexes*. Für Strukturdiskussionen sind solche Punkte von Belang, die mit Teilchen (Atomen, Ionen usw.) besetzt sind. Die Erfahrung zeigt, daß bei den tatsächlich in der Natur beobachteten Strukturen häufig spezielle Lagen mit Atomen oder Molekülen besetzt sind.

Nach dieser Definition sind zueinander enantiomorphe Punktanordnungen zwei *Darstellungen* des gleichen Komplexes. Man unterscheidet neben *invarianten* noch *mono-*, *di-* und *trivariante Gitterkomplexe*, je nachdem, ob die Punktkonfiguration von einem, zwei oder drei Parametern abhängt.[1])

Der Gitterkomplexbegriff ist von praktischer Bedeutung für Raumgruppenbestimmungen und bietet besonders Vorteile bei der Beschreibung komplizierter Strukturen. An Stelle der Angabe unübersichtlicher Punktkoordinaten können Hinweise auf die von gewissen Atomen besetzten geometrisch durchsichtigen Gitterkomplexe (wie z. B. kubisch-dichteste Kugelpackung, Diamantstruktur usw.) treten und das Verständnis der Struktur fördern. Das gilt um so mehr, als sich die Komplexe bei verschiedener Wahl des Koordinatenursprungs und der Koordinatenachsen nicht ändern.

Leider hat sich noch keine einheitliche Symbolik für alle Gitterkomplexe durchgesetzt. Wir beziehen uns bei den folgenden Erläuterungen auf die Empfehlungen von DONNAY, HELLNER und NIGGLI (1966). Danach besteht

---

[1]) Ein Komplex kann invariant sein, obwohl die *Punktlagen* Freiheitsgrade besitzen. Nur wenn sie die gegenseitige Lage der Punkte eines Komplexes verändern, sind sie auch Freiheitsgrade des Gitterkomplexes. Im Gitterkomplex E (vgl. Tab. 9, 15, 16) kann durchaus das Achsenverhältnis c/a variieren (vgl. Tab. 19), d. h. die Punktlagen besitzen Freiheitsgrade, der Gitterkomplex ist jedoch invariant.

Tabelle 9

Beispiele invarianter Gitterkomplexe

Symbol	Punktkoordinaten[1])	Beispiele anderer Darstellungen	Beispiele möglicher Raumgruppen	Punkt-symmetrie	Zähligkeit
D	$\left(000, \frac{1}{2}\frac{1}{2}0 \curvearrowright\right) + 000, \frac{1}{4}\frac{1}{4}\frac{1}{4}$		$F\,d\,3\,m$	$\bar{4}\,3\,m$	8
	kubisch (Diamantstruktur)	$D' \equiv \frac{1}{2}\frac{1}{2}\frac{1}{2}\ D \equiv 444/4\ D \equiv D^{444}$	$F\,d\,3\,m$	$\bar{4}\,3\,m$	8
E	$\left(\frac{1}{3}\frac{2}{3}\frac{1}{4}, \frac{2}{3}\frac{1}{3}\frac{3}{4}\right)$		$P\,6_3/mmc$	$\bar{6}\,m\,2$	2
	hexagonal (hexagonal-dichteste Kugelpackung)		$P\,6_3/m$ $P\,\bar{6}\,2\,c$ $P\,6_3\,2\,2$ $P\,6_3$	$\bar{6}$ $\bar{6}$ $3\,2$ 3	
	hexagonal (einfach-hexagonales Gitter)		$P\,6/mmm$ $P\,\bar{6}\,2\,m$ $P\,6\,2\,2$ $P\,6\,m$	$6/mmm$ $\bar{6}\,m\,2$ $6\,2\,2$ $6\,m$	1
F	$\left(000, \frac{1}{2}\frac{1}{2}0 \curvearrowright\right) + 000$		$F\,m\,3\,m$	$m\,3\,m$	4
			$P\,a\,3$	$\bar{3}$	

Tabelle 9 (Fortsetzung)

Symbol	Punktkoordinaten[1])	Beispiele anderer Darstellungen	Beispiele möglicher Raumgruppen	Punkt-symmetrie	Zählig-keit
	kubisch				
	(kubisch-flächenzentriertes Gitter)	$F' \equiv \frac{1}{2}\frac{1}{2}\frac{1}{2} F \equiv 444/8\ F \equiv F^{444}$	$F m 3 m$	$m 3 m$	4
			$P a 3$	$\bar{3}$	
		$F'' \equiv \frac{1}{4}\frac{1}{4}\frac{1}{4} F \equiv 222/8\ F \equiv F^{222}$	$F \bar{4} 3 m$	$\bar{4} 3 m$	4
			$P n 3 m$	$\bar{3} m$	
		$F''' \equiv \frac{3}{4}\frac{3}{4}\frac{3}{4} F \equiv 666/8\ F \equiv F^{666}$	$F \bar{4} 3 m$	$\bar{4} 3 m$	4
			$P n 3 m$	$\bar{3} m$	
		$F_2'' \equiv F_2^{111} \left(000, \frac{1}{2} 00 \curvearrowright\right) + \frac{1}{8}\frac{1}{8}\frac{1}{8}, \frac{1}{8}\frac{3}{8}\frac{3}{8}, \frac{3}{8}\frac{3}{8}\frac{1}{8}, \frac{3}{8}\frac{1}{8}\frac{3}{8}, \frac{5}{8}\frac{5}{8}\frac{5}{8}, \frac{5}{8}\frac{7}{8}\frac{7}{8}, \frac{7}{8}\frac{5}{8}\frac{7}{8}, \frac{7}{8}\frac{7}{8}\frac{5}{8}$	$F d 3 c$	3 2	3 2
		$F_2''' \equiv \frac{1}{4}\frac{1}{4}\frac{1}{4}\ F_2'' \equiv 333/8\ F_2^{333}$	$F d 3 c$	$\bar{3}$	3 2

Tabelle 9 (Fortsetzung)

Symbol	Punktkoordinaten[1])	Beispiele anderer Darstellungen	Beispiele möglicher Raumgruppen	Punkt-symmetrie	Zählig-keit
G	$\left(\frac{1}{3}\frac{2}{3}0,\ \frac{2}{3}\frac{1}{3}0\right)$		$P\,6/mmm$	$\bar{6}\,m\,2$	2
	hexagonal (Sechseckgitter)		$P\,6\,cc$	3	
I	$\left(000,\ \frac{1}{2}\frac{1}{2}\frac{1}{2}\right)+000$		$I\,m\,3\,m$	$m\,3\,m$	2
	kubisch				
	(kubisch-raumzentriertes Gitter)	$I' \equiv \frac{1}{4}\frac{1}{4}\frac{1}{4}\,I \equiv 222/8\ I \equiv I^{222}$	$P\,n\,3\,n$	$4\,3$	2
J	$\left(\frac{1}{2}\frac{1}{2}0 \curvearrowright\right)$		$P\,m\,3\,m$	$4/mmm$	
	kubisch	$J' \equiv \frac{1}{2}\frac{1}{2}\frac{1}{2}\,J \equiv 444/8\ J \equiv J^{444}$	$P\,m\,3\,m$	$4/mmm$	3
J^*	$\left(000,\ \frac{1}{2}\frac{1}{2}\frac{1}{2}\right)+\frac{1}{2}\frac{1}{2}0 \curvearrowright$		$I\,m\,3\,m$	$4/mmm$	6
	kubisch $(J+J')$				
N	$\left(\frac{1}{2}0\,0,\ 0\frac{1}{2}0,\ \frac{1}{2}\frac{1}{2}0\right)$ hexagonal		$P\,6/mmm$	mmm	3
	(Dreieck-Sechseck-Gitter)				

Tabelle 9 (Fortsetzung)

Symbol	Punktkoordinaten	Beispiele anderer Darstellungen	Beispiele möglicher Raumgruppen	Punkt-symmetrie	Zählig-keit
P	(000) kubisch		$P\,m\,3\,m$	$m\,3\,m$	1
	(einfach-kubisches Gitter)	$P' \equiv \frac{1}{2}\frac{1}{2}\frac{1}{2}\ P \equiv 444/8\ P \equiv P^{444}$	$P\,m\,3\,m$	$m\,3\,m$	1
^{+}Q	$\left(\frac{1}{2}\,0\,0, 0\,\frac{1}{2}\,\frac{2}{3}, \frac{1}{2}\,\frac{1}{2}\,\frac{1}{3}\right)$		$P\,6_2\,2\,2$	$2\,2\,2$	3
	hexagonal (rechte Quarzstruktur)	$^{-}Q = {}^{+}Q \cdot \bar{1}$	$P\,6_4\,2\,2$	$2\,2\,2$	3
T	$\left(000, \frac{1}{2}\,\frac{1}{2}\,0 \curvearrowright\right) + \frac{1}{8}\,\frac{1}{8}\,\frac{1}{8}, \frac{3}{8}\,\frac{3}{8}\,\frac{1}{8} \curvearrowright$		$F\,d\,3\,m$	$\bar{3}\,m$	16
	kubisch	$T' \equiv \frac{1}{2}\frac{1}{2}\frac{1}{2}\ T \equiv 444/8\ T \equiv T^{444}$	$F\,d\,3\,m$	$\bar{3}\,m$	16
W	$\left(\frac{1}{2}\,\frac{1}{4}\,0, 0\,\frac{1}{2}\,\frac{3}{4} \curvearrowright\right)$		$Pm\,3\,n$	$\bar{4}\,m\,2$	6
	kubisch	$W' \equiv \frac{1}{2}\frac{1}{2}\frac{1}{2}\ W \equiv 444/8\ W \equiv W^{444}$	$P\,m\,3\,n$	$\bar{4}\,m\,2$	6
W^{*})	$\left(000, \frac{1}{2}\,\frac{1}{2}\,\frac{1}{2}\right) + \frac{1}{2}\,\frac{1}{4}\,0, 0\,\frac{1}{2}\,\frac{3}{4} \curvearrowright$		$I\,m\,3\,m$	$\bar{4}\,m\,2$	12
	kubisch $W + W' = W^{*}$				

[1]) Der Pfeil bedeutet, daß zum Komplex auch alle durch zyklische Vertauschung der vorhergehenden Koordinaten entstehenden Punktlagen gehören. Die Koordinaten des Bravais-Gitters sind, wenn es sich um ein nichtprimitives handelt, der besseren Übersicht wegen als gesonderter Summand aufgeführt.

das Symbol aus einem Buchstaben mit oder ohne Stern, dem immer dann ein Plus- oder Minuszeichen vorangestellt wird, wenn der Komplex zwei enantiomorphe Darstellungen besitzt. Darstellungen mit linkshändigen Schraubenachsen erhalten das Pluszeichen. Verschiebungen des Koordinatenursprungs und/oder Drehungen werden durch Striche am Buchstaben gekennzeichnet.

In Tab. 9 sind Beispiele invarianter Gitterkomplexe zusammengestellt. Die erste Spalte enthält das Symbol, die zweite die Punktkoordinaten in der normalen Darstellung, die dritte andere Darstellungen, die vierte Beispiele mit dem Komplex verträglicher Raumgruppen, die fünfte die Symmetrie der Punktlage und die sechste die Zähligkeit[1]) des Komplexes.

Einige Beispiele mögen der Illustration dienen. Der W-Komplex wird von den Vanadiumatomen in der intermetallischen Verbindung V_3Si besetzt. Die Gesamtanordnung hat die Form senkrecht aufeinanderstehender sich nicht schneidender Ketten. Die Anordnung der Boratome in der Verbindung $Zn_4O(BO_2)_6$ entspricht der Addition von W und W', also W^*. Sowohl die Kupferatome in $MgCu_2$ als auch die Sauerstoffatome in Cristobalit (SiO_2-Modifikation) belegen den T-Komplex. Der G-Komplex wird z. B. von den Boratomen in AlB_2 und der $+Q$-Komplex von den Siliziumatomen im Hochquarz gebildet.

Zwischen den Komplexen bestehen teilweise Beziehungen, die man sich anhand von Elementarzellenprojektionen des Typs der Abb. 3.1 veranschaulichen kann.

Gitterkomplexe mit Freiheitsgraden erhalten noch ein Symbol für die Achsenrichtung, in der die Punktverschiebung bei Variation der Parameter erfolgt. Der Gitterkomplex mit den Punktkoordinaten ($x\,0\,0$, $\bar{x}\,0\,0$) z. B. wird durch $P\,6\,x$ bezeichnet. Die Zahl 6 gibt die Zähligkeit des Komplexes bei nicht verschwindendem Parameter x und x die Verschiebungsrichtung [100] an.

---

[1]) Ein Komplex der Zähligkeit n wird auch als *n-Punkter* bezeichnet.

Für einen Punkt allgemeiner Lage, d. h. einen ohne Veränderung der Zähligkeit des zugehörigen Gitterkomplexes verschiebbaren, ergeben sich z. T. Zähligkeiten bis zu 192.

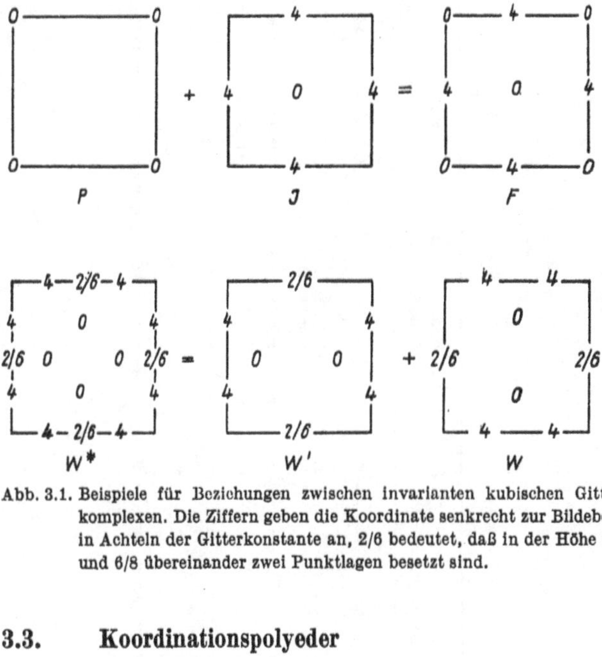

Abb. 3.1. Beispiele für Beziehungen zwischen invarianten kubischen Gitterkomplexen. Die Ziffern geben die Koordinate senkrecht zur Bildebene in Achteln der Gitterkonstante an, 2/6 bedeutet, daß in der Höhe 2/8 und 6/8 übereinander zwei Punktlagen besetzt sind.

3.3. Koordinationspolyeder

3.3.1. Geometrie der Koordinationspolyeder

Werden die Punktlagen der Gitterkomplexe durch Geraden miteinander verbunden, dann bilden sie die Ecken isogonaler Polyeder, der *einfachen Koordinationspolyeder*. Man kann statt dessen auch alle äquivalenten Lagen mit dem Koordinatenursprung verbinden und in einem festen Abstand darauf senkrecht stehende Ebenen errichten. Die so erhaltenen isoedrischen Polyeder bilden eine gleichwertige Darstellung der Koordinationsverhält-

Tabelle 10

Die 5 regulären Polyeder

Bezeichnung	Form der Begrenzungsflächen	F	K	E	Symmetrie des Gitterkomplexes	Volumen[1])	Flächen-winkel
Tetraeder	Dreiecke	4	6	4	23, $\bar{4}3m$	$0{,}1179a^3 = a^3\sqrt{3}/12$	70°32′
Hexaeder (Würfel)	Quadrate	6	12	8	23, $m3$, 432, $\bar{4}3m$, $m3m$	a^3	90°
Oktaeder	Dreiecke	8	12	6	$m3$, 432, $m3m$	$0{,}4714a^3 = a^3\sqrt{2}/3$	109°28′
(Pentagon-) Dodekaeder	Fünfecke	12	30	20	[2])	$10{,}217a^3 = a^3(15 + 7\sqrt{5})/3$	116°34′
Ikosaeder	Dreiecke	20	30	12	[2])	$2{,}1817a^3 = 5a^3(3 + \sqrt{5})/12$	138°12′

[1]) a = Kantenlänge des Polyeders.

[2]) Nichtkristallographisches Polyeder, jedoch mit der Kristallsymmetrie verträglich und daher hier von Belang.

nisse. Da im EULERschen Satz für Polyeder $E = K + 2 - F$ (E Zahl der Ecken, K der Kanten, F der Flächen) E und F symmetrisch auftreten, nennt man Polyeder zueinander reziprok oder dual, wenn die Zahl ihrer Flächen und Ecken gerade vertauscht ist. Die isoedrischen sind die Reziproken der isogonalen Polyeder.

5 der 56 metrisch verschiedenen Arten konvexer topologischer Polyederformen nach NIGGLI (1963) sind *reguläre Polyeder*,[1]) d. h. durch kongruente reguläre Vielecke begrenzte und mit kongruenten regulären Ecken versehene (vgl. Tab. 10). In Abb. 3.2 sind sie dargestellt. Würfel und Oktaeder sowie Dodekaeder und Ikosaeder sind reziprok zueinander. Das Tetraeder ist sich selbst dual.

Ihre Bedeutung für Kristallstrukturen ergibt sich unter anderem aus der Eigenschaft, daß einbeschriebene

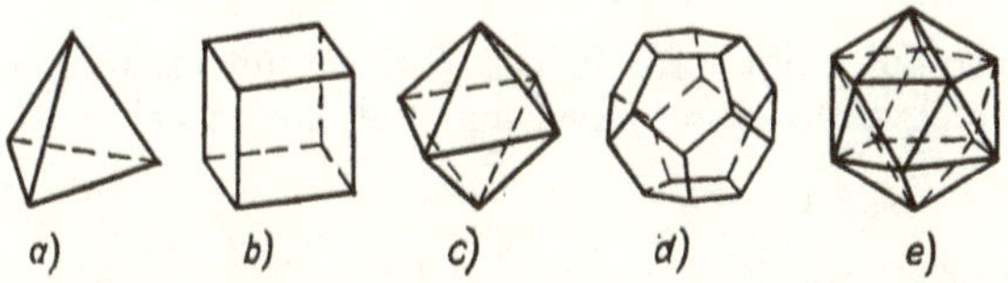

Abb. 3.2. Die 5 regulären Polyeder. (a) Tetraeder, (b) Hexaeder, (c) Oktaeder, (d) Dodekaeder, (e) Ikosaeder

und umbeschriebene Kugeln ihren Mittelpunkt im Mittelpunkt des Polyeders haben, die umbeschriebene Kugelfläche alle Polyederecken und die einbeschriebene alle Begrenzungsflächen in deren Mittelpunkt berührt.

Weiterhin gibt es 13 flächenhaft reguläre Polyeder, bei denen die regulären Begrenzungsflächen nicht sämtlich kongruent, aber um jede Ecke in gleicher Reihenfolge angeordnet sind. Von besonderer Bedeutung dabei ist das *Kubooktaeder* (Abb. 3.3). Die 13 dazu reziproken „eckenhaft" regulären Polyeder sind durch reguläre

---

[1]) Auch als die 5 *Platonischen Körper* bekannt.

Ecken mit gleichen Flächen ausgezeichnet. Ein Beispiel dafür ist das *Rhombendodekaeder* (vgl. Abb. 1.8b, S. 21).

Kristallstrukturen lassen sich nach dieser Vorstellung anhand ihrer topologischen Eigenschaften klassifizieren, indem sie als offene oder raumfüllende Packungen von

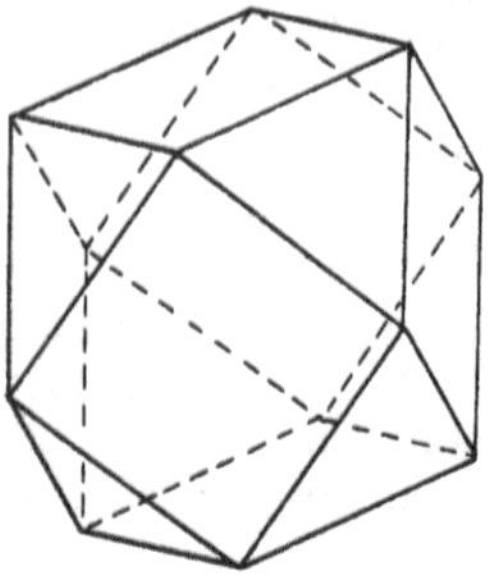

Abb. 3.3. Kubooktaeder (Flächenwinkel 125° 16′)

Polyedern aufgefaßt werden. Die Verknüpfungen können über gemeinsame Ecken, Kanten und/oder Flächen erfolgen.

Tabelle 11

Raumfüllende Polyederanordnungen (nach WELLS)

Polyeder bzw. *P.*-Kombinationen	Koordinationszahl[1]) jedes Punktes	Raumgruppe des Gitterkomplexes
Abgestumpftes Oktaeder	4	*I m* 3 *m*
Würfel, abgestumpftes Oktaeder, abgestumpftes Kubooktaeder	4	*P m* 3 *m*
Oktaeder, abgestumpfter Würfel	5	*P m* 3 *m*
Würfel	6	*P m* 3 *m*
Würfel, Kubooktaeder, Rhombenkubooktaeder	6	*P m* 3 *m*
Oktaeder, Kubooktaeder	8	*P m* 3 *m*
Tetraeder, Oktaeder	12	*F m* 3 *m*

[1]) Vgl. dazu Abschn. 3.3.2.

Die lückenlose Füllung des Raumes durch reguläre oder halbreguläre Polyeder ist nur in bestimmten Kombinationen oder Einzelfällen möglich. Tab. 11 enthält einige Beispiele. Mit regulären Tetraedern allein ist eine lückenlose Füllung z. B. nicht möglich. Die Tendenz nach möglichst guter Raumerfüllung ist charakteristisch für Kristalle mit metallischer Bindung (vgl. Kap. 3.4).

Die offenen Polyederpackungen unterliegen nicht diesen strengen geometrischen Randbedingungen. Ihre Anordnung wird entscheidend von Ladungsbilanzen beeinflußt (PAULINGsche Regeln). Daher erhalten sie vorwiegend bei nichtmetallischen Kristallen Bedeutung. Gewöhnlich sind die Polyederecken von Anionen, die Polyederzentren von Kationen besetzt. Die Erfahrung zeigt, daß stabile Strukturen die Polyederverknüpfung über Ecken der über Kanten und Flächen vorziehen[1]) (vgl. Abb. 3.4). In diesem Falle gilt eine *Valenzregel*

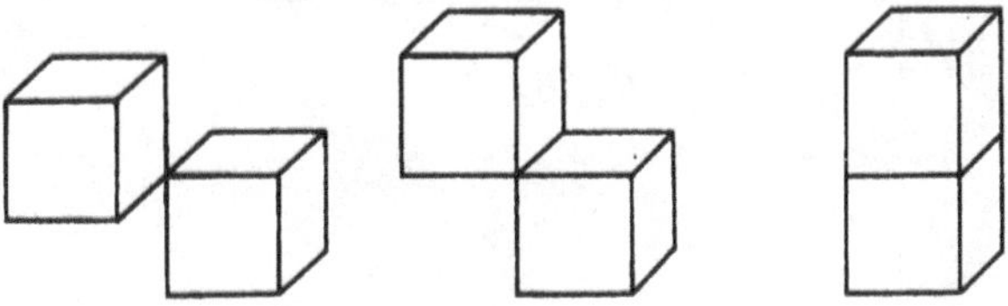

a) b) c)

Abb. 3.4. Polyederverknüpfung über eine gemeinsame Ecke (a), Kante (b) und Fläche (c) am Beispiel des Würfels[2])

derart, daß die elektrische Ladung jedes Anions $Z_A e$ gleich der Summe sog. *Bindungsstärken* $S^{(i)}$ aller nächstbenachbarten Kationen i ist. Dabei ist $S^{(i)} \equiv Z_K{}^{(i)} e / K^{(i)}$ mit $Z_k{}^{(i)} e$ als Ladung des i-ten Kations, e Elementarladung, $K^{(i)}$ Koordinationszahl des Kations i. Damit lautet die Regel

$$Z_A = \sum_i \frac{Z_K{}^{(i)}}{K^{(i)}}.$$

---

[1]) Diese Tendenz nimmt vom Würfel zum Tetraeder zu.

[2]) Die Kationenabstände verhalten sich hier wie $\sqrt{3}:\sqrt{2}:\sqrt{1}$.

Als Beispiel sei die Verbindung Gahnit $ZnAl_2O_4$ angeführt, die in der normalen *Spinellstruktur* (Bruttoformel AB_2X_4; A Kation in Tetraedermitte, B Kation in Oktaedermitte, X Anion) kristallisiert. Jedes Sauerstoffion gehört einem (ZnO_4)-Tetraeder und drei (AlO_6)-Oktaedern gemeinsam an. Man erhält also für diese Polyederanordnung aus der Valenzregel $1 \cdot \frac{2}{4} + 3 \cdot \frac{3}{6} = 2$ richtig die Ladungszahl 2 des Sauerstoffs bei zweiwertigem Zink und dreiwertigem Aluminium.

Auch die Strukturen der zahlreichen Silikate sind als Polyederpackungen mit dem (SiO_4)-Tetraeder als grund-

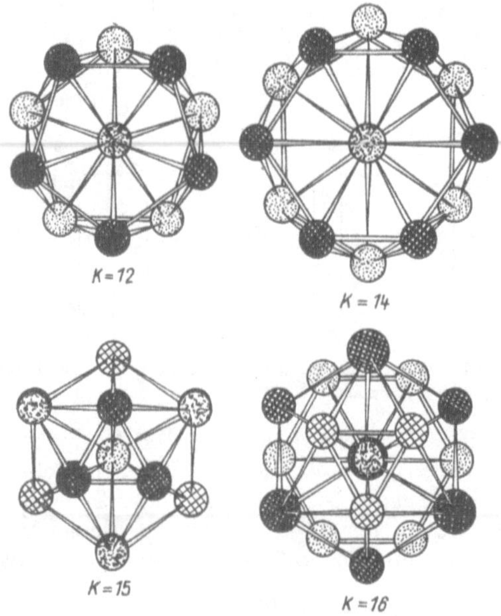

Abb. 3.5. KASPER-Polyeder für die Koordinationszahlen K = 12, 14, 15 und 16. Bei den beiden Polyedern der oberen Reihe sind je 2 Atome über und unter dem Zentralatom der besseren Übersicht wegen weggelassen (nach KASPER).

legendes Bauelement zu verstehen und der genannten Regel unterworfen.

Es hat sich als zweckmäßig erwiesen, neben den bisher betrachteten auch nichtreguläre Polyeder in die Strukturdiskussion einzubeziehen. Praktisch bedeutsam sind solche, die nur durch Dreiecksflächen begrenzt, d. h. aus Tetraedern zusammengesetzt sind. Die Irregularität besteht darin, daß die Abstände der Eckpunkte untereinander und zum Polyederzentrum nicht gleich groß sind. Neben dem bereits erwähnten Ikosaeder (das dann im Gegensatz zu Abb. 3.2 irregulär ist) gehören zu dieser Gruppe drei weitere mit 14, 15 und 16 Ecken, die auch als KASPER-*Polyeder* bezeichnet werden (vgl. Abb. 3.5). Wie FRANK und KASPER gezeigt haben, sind dies die einzigen geometrisch möglichen konvexen Strukturen, die nur von Dreiecken begrenzt sind und in deren Ecken sich mindestens 5 Dreiecke treffen.

3.3.2. Koordinationszahl

Vielfach wird die Zahl der zu einer Punktlage in einem bestimmten Abstand benachbarten Lagen, ihre *Koordinationszahl K*, benötigt. Einige chemische Elemente, wie z. B. Kohlenstoff mit $K = 4$, treten im kristallinen Zustand fast immer mit der gleichen Koordinationszahl auf. Das hat zur Verbreitung dieses Begriffes beigetragen.

In Tab. 12 sind einige Beispiele für die Koordinationszahlen von Gitterkomplexen angegeben. Sie beziehen sich jeweils auf die nächsten Nachbarn. Jede Äquivalentlage der Komplexe der linken Spalte hat so viel nächste Nachbarn vom Komplex der oberen Zeile wie die Tabelle angibt. Die Koordinationszahl zum gleichen Komplex heißt auch *Eigenkoordination.*

Für Berechnungen der Stabilität einer bestimmten Struktur kommt es meist nicht nur auf die Zahl der nächsten, sondern auch auf die der übernächsten, drittnächsten usw. an. Wir geben daher in Kap. 3.4 nach der Einführung des Strukturtypes die Koordinationszahlen für einige in der Natur häufig anzutreffende Strukturen bis zu dritten Nachbarn an (vgl. Tab. 16).

Die Einbeziehung höherer als nächster Nachbarn in die Betrachtung hat zu verschiedenen Definitionsversuchen einer *effektiven Koordinationszahl* geführt. Damit soll die Willkür gemildert werden, die in der Beschränkung auf nächste Nachbarn besonders dann ins Gewicht

Tabelle 12

Koordinationszahlen verschiedener Gitterkomplexe in *Fd3m* (nach HELLNER)

	D	*D'*	*T*	*T'*
D	4	4	4	12
D'	4	4	12	4
T	2	6	6	6
T'	6	2	6	6

fällt, wenn die übernächsten und drittnächsten nur wenig weiter entfernt sind. Bekanntes Beispiel ist Gallium, das in wenig verschiedenen Abständen (Verhältnis 1,00:1,11: 1,12:1,15) 1, 3, 5 oder 7 Nachbarn aufweist. Eine allgemein anwendbare Gewichtsfunktion ist bisher jedoch nicht gefunden worden.

Nach BRUNNER und LAVES kann die Umgebung von Punktlagen vollständig durch *Wachstumsreihen* dargestellt werden, deren erstes Glied die konventionelle Koordinationszahl ist und deren weitere Glieder die Zahl der jeweils im n-ten Schritt neu erreichbaren Lagen bedeuten, wenn man von allen Lagen des $(n-1)$-ten Schrittes ausgeht. Für den Gitterkomplex F erhält man so die Reihe 12, 42, 92, 162, 252 ... und für D 4, 12, 24, 42, 62 ..., d. h. durch zwei Schritte hat man im F-Komplex eine Gesamtheit von $1 + 12 + 42 = 55$ Punktlagen erreicht, im Diamant-Komplex dagegen erst $1 + 4 + 12 = 17$. Die Reihen wachsen gesetzmäßig, so daß wenige Zahlenangaben genügen. Im Falle der F-Komplex-Reihe lauten die ersten Differenzen aufeinanderfolgender Glieder nämlich 30, 50, 70, 90, ... die zweiten Differenzen 20, 20, 20, ...

3.3.3. *Atomgrößen, Kugelpackungen*

Die mit den Punktlagen der Gitterkomplexe verknüpften Atomkerne sind von Elektronen umgeben, die sich, wie Messungen der Elektronendichte zeigen, weit in den Kristall hinein erstrecken. Die genaue Verteilung ist ein Problem der Bindungsanalyse und liegt außerhalb unseres Untersuchungsgegenstandes. Der bloße Befund des Auftretens bestimmter polyedrischer Atomanordnungen jedoch kann zu der Vorstellung führen, daß die Atome eine bestimmte Größe und Gestalt besitzen. Denkt man sich im einfachsten Falle mit jedem Punkt des Gitterkomplexes ein kugelförmiges „Atom" verbunden, ergeben sich daraus geometrische Konsequenzen für die maximalen *Atom„radien"* bzw. *-Verhältnisse.* Es sei r_E der Radius der Atome in Koordinationspolyederecken und r_Z der Radius eines Atoms im Zentrum des Polyeders.

Tabelle 13
Radienquotienten und Volumenverhältnis der Lücken einiger Koordinationspolyeder

Polyeder	r_Z/r_E	r_Z^3/r_E^3
Tetraeder	$\sqrt{\frac{3}{2}} - 1 = 0{,}225$	0,0114
Oktaeder	$\sqrt{2} - 1 = 0{,}414$	0,0709
Hexaeder (Würfel)	$\sqrt{3} - 1 = 0{,}732$	0,392
Kubooktaeder	1	1

Berühren sich die Eckatome, dann bleibt ein Hohlraum (Lücke) übrig, der sich aus dem in Tab. 13 angegebenen Radienquotienten ermitteln läßt. Tatsächlich werden geometrische Beschränkungen dieser Art bei zahlreichen Kristallstrukturen wirksam, was zur Verbreitung dieser Vorstellung geführt hat. Die Erfahrung lehrt z. B., daß

Atome mit kleineren als den Radien r_Z der Tab. 13 nicht in die Lücken eingebaut werden. Sie stellen eine untere geometrische Grenze dar. Eine obere Grenze in diesem Sinne ist dann erreicht, wenn die in Lücken eingebauten Kugeln ein solches Volumen benötigen, daß die „Verhakung" der angrenzenden Kugelschichten aufgehoben wird, sie also geometrisch gegenüber Scherung instabil werden, d. h. bei $r_Z/r_E = 0{,}732$ für oktaedrische und 0,500 für tetraedrische Lücken. Für Einzelheiten sei auf SIROTA verwiesen.

Da die wirksamen Radien vom Bindungstyp abhängen, werden in der Literatur verschiedene Zahlenwerte für die gleichen chemischen Elemente verwendet, je nach zugrundegelegtem Modell. Für metallische Elemente in Strukturen mit metallischer Bindung haben sich Radien einigermaßen bewährt, die aus den halben kürzesten Abständen folgen. Während die Atomabstände mit der Koordinationszahl schwanken,[1]) sind offenbar die *effektiven Atomvolumina* im Falle von Legierungen weniger davon abhängig und werden daher in diesen Fällen häufig als Maß der Atomgröße verwendet (vgl. MASSALSKI). Sie sind durch Extrapolation des durch die Atomzahl dividierten Elementarzellenvolumens auf 100% der fraglichen Atomsorte definiert.

In Kristallen mit Ionenbindung enthalten experimentell bestimmbare Abstände von Kernlagen stets die Summe der Ionenradien verschiedener Ionen. Nach V. M. GOLDSCHMIDT gelingt es jedoch durch Vergleich verschiedener Ionenverbindungen mit gleichem Strukturtyp (vgl. dazu Kap. 3.4), brauchbare Absolutwerte abzuleiten. Für Einzelheiten des Verfahrens sei auf KLEBER (1963) verwiesen.

Ein weiterer Ansatz Ionenradien festzulegen geht auf PAULING zurück. Er bezieht sich auf die Füllung der

---

[1]) Metallisches Eisen tritt z. B. in verschiedenen Strukturen auf, deren Koordinationszahl 12 bzw. 8 beträgt. Die Atomradien sind 1,262 bzw. $1{,}239 \cdot 10^{-10}$ m. Die Konstanz ist also nur näherungsweise erfüllt. Weitere Unsicherheiten treten auf, wenn mehrere wenig verschiedene Abstände vorliegen.

Tabelle 14

Atom- und Ionenradien der Elemente (nach COTTRELL) in 10^{-10} m

Element	Bindungstyp			
	VAN DER WAALS	homöo-polar	metallisch[1])[2])	heteropolar[2])[3])
H	1,2	0,37		2,08 (−1)
He	0,8			
Li		1,22	1,52 (8)	0,7 (+1)
Be		0,89	1,13 (12)	0,34 (+2), 0,2 (+3)
B		0,88		0,2 (+3)
C		0,77		2,6 (−4), 0,20 (+4)
N	1,5	0,74		1,7 (−3), 0,16 (+3), 0,15 (+5)
O	1,4	0,74		1,35 (−2), 0,09 (+6)
F	1,35	0,72		1,33 (−1), 0,07 (+7)
Ne	1,59			
Na		1,57	1,85 (8)	0,98 (+1)
Mg		1,37	1,6 (12)	0,75 (+2)
Al		1,25	1,43 (12)	0,55 (+3)
Si		1,17		1,98 (−4), 0,4 (+4)
P	1,9	1,10		1,86 (−3), 0,44 (+3), 0,35 (+5)
S	1,85	1,04		1,82 (−2), 0,37 (+4), 0,30 (+6)
Cl	1,80	0,99		1,81 (−1), 0,34 (+5), 0,26 (+7)
A	1,91			
K		2,02	2,25 (8)	1,33 (+1)
Ca		1,74	1,96 (12)	1,05 (+2)
Sc		1,44	1,63 (12)	0,83 (+3)
Ti		1,32	1,45 (12)	0,76 (+2), 0,70 (+3), 0,64 (+4)
V		1,22	1,31 (8)	0,88 (+2), 0,75 (+3), 0,61 (+4) 0,59 (+5)
Cr		1,17	1,25 (8)	0,89 (+2), 0,65 (+3), 0,36 (+6)
Mn		1,17	1,3 (12)	0,91 (+2), 0,62 (+3), 0,52 (+4) 0,46 (+7)
Fe		1,16	1,24 (8)	0,83 (+2), 0,67 (+3)
Co		1,16	1,25 (12)	0,82 (+2), 0,65 (+3)
Ni		1,15	1,25 (12)	0,78 (+2)
Cu		1,17	1,27 (12)	0,96 (+1), 0,72 (+2)
Zn		1,25	1,37 (12)	0,83 (+2)
Ga		1,25	1,35 (12)	0,62 (+3)
Ge		1,22		2,72 (−4), 0,65 (+2), 0,55 (+4)
As	2,0	1,21		1,91 (−3), 0,69 (+3), 0,47 (+5)
Se	2,0	1,17		1,93 (−2), 0,5 (+4), 0,35 (+6)

Tabelle 14 (Fortsetzung)

Element	Bindungstyp			
	VAN DER WAALS	homöo-polar	metallisch[1])[2])	heteropolar[2])[3])
Br	1,95	1,14		1,96 (−1), 0,47 (+5), 0,39 (+7)
Kr	2,01			
Rb		2,16	2,49 (8)	1,49 (+1)
Sr		1,91	2,13 (12)	1,18 (+2)
Y		1,16	1,81 (12)	0,95 (+3)
Zr		1,45	1,60 (12)	0,80 (+4)
Nb		1,34	1,42 (8)	0,74 (+4), 0,7 (+5)
Mo		1,29	1,36 (8)	0,68 (+4), 0,65 (+6)
Tc			1,35 (12)	0,56 (+7)
Ru		1,24	1,34 (12)	0,65 (+4)
Rh		1,25	1,34 (12)	0,75 (+3), 0,65 (+4)
Pd		1,28	1,37 (12)	0,80 (+2), 0,65 (+4)
Ag		1,34	1,44 (12)	1,13 (+1), 0,89 (+2)
Cd		1,41	1,52 (12)	0,99 (+2)
In		1,50	1,57 (12)	0,92 (+3)
Sn		1,41	1,58 (12)	2,94 (−4), 1,02 (+2), 0,74 (+4)
Sb	2,2	1,41	1,61 (12)	2,08 (−3), 0,90 (+3), 0,62 (+5)
Te	2,20	1,37		2,12 (−2), 0,89 (+4), 0,56 (+6)
I	2,15	1,33		2,20 (−1), 0,94 (+5), 0,50 (+7)
Xe	2,20			
Cs		2,35	2,63 (8)	1,70 (+1)
Ba		1,98	2,17 (8)	1,38 (+2)
La		1,69	1,87 (12)	1,15 (+3)
Ce		1,65	1,82 (12)	1,18 (+3), 1,01 (+4)
Pr		1,65	1,82 (12)	1,16 (+3), 1,00 (+4)
Nd		1,64	1,82 (12)	1,15 (+3)
Pm			1,8 (12)	1,09 (+3)
Sm		1,66	1,8 (12)	1,13 (+3)
Eu		1,85	1,98 (8)	1,29 (+2), 1,13 (+3)
Gd		1,61	1,8 (12)	1,11 (+3)
Tb		1,59	1,77 (12)	1,09 (+3), 0,81 (+4)
Dy		1,59	1,77 (12)	1,07 (+3)
Ho		1,58	1,76 (12)	1,05 (+3)
Er		1,57	1,75 (12)	1,04 (+3)
Tm		1,56	1,74 (12)	1,04 (+3)
Yb		1,70	1,93 (12)	1,00 (+3)
Lu		1,56	1,74 (12)	0,99 (+3)

Tabelle 14 (Fortsetzung)

Element	Bindungstyp			
	VAN DER WAALS	homöopolar	metallisch[1])[2])	heteropolar[2])[3])
Hf		1,44	**1,59** (12)	0,86 (+4)
Ta		1,34	1,43 (8)	0,73 (+5)
W		1,30	1,36 (8)	0,68 (+4), 0,65 (+6)
Re		1,28	**1,38** (12)	0,72 (+4), 0,56 (+7)
Os		1,25	**1,35** (12)	0,88 (+4), 0,69 (+6)
Ir		1,26	1,35 (12)	1,66 (+4)
Pt		1,29	1,38 (12)	1,06 (+2), 0,92 (+4)
Au		1,34	1,44 (12)	**1,37** (+1), 0,85 (+3)
Hg		1,44	1,55 (12)	1,27 (+1), 1,12 (+2)
Tl		1,55	**1,71** (12)	1,49 (+1), 1,05 (+3)
Pb		1,54	1,74 (12)	2,15 (−4), 1,32 (+2), 0,84 (+4)
Bi		1,52	1,82 (12)	2,13 (−3), 1,20 (+3), **0,74** (+5)
Po		1,53	1,7 (12)	0,67 (+6)
At				0,62 (+7)
Fr				1,80 (+1)
Ra				1,42 (+2)
Ac				1,18 (+3)
Th		1,65	1,80 (12)	1,02 (+4)
Pa				1,13 (+3), 0,98 (+4), 0,89 (+5)
U		1,42	1,5 (8)	0,97 (+4), 0,80 (+6)
Np				1,10 (+3), 0,95 (+4)
Pu			**1,63** (12)	1,08 (+3), 0,93 (+4)
Am				1,07 (+3), 0,92 (+4)

Elektronenzustände des Atoms und berücksichtigt die experimentell gestützte Abschirmung der Kernladung.

Zahlenwerte der verschiedenen *Atom-* oder *Ionenradien* der chemischen Elemente sind in Tab. 14 gesondert für die vier verschiedenen Bindungstypen zusammengefaßt.

Die Brauchbarkeit einer Harte-Kugel-Näherung mit festem Radius für die wirksamen Potentiale hängt offenbar stark vom physikalischen Problem ab. Ein sehr

---

[1]) Zahlen in Klammern geben die Koordinationszahl an, für die der Atomradius gilt.

[2]) Halbfette Typen für berechnete Werte.

[3]) Zahlen in Klammern geben die Ladung des Ions an.

anschauliches Beispiel dafür ist die Wechselwirkung der Kristallbausteine mit Teilchenstrahlung. In Abb. 3.5A sind die wirksamen Kugelradien eines Kupferstrukturmodells in Abhängigkeit von der Primärenergie eines Kupferteilchens dargestellt.

Wird den Bausteinen der Kristallstruktur Kugelgestalt zugeschrieben, gelangt man zwanglos dazu, die zahlreichen unterschiedlichen Strukturen als Varianten von *Kugelpackungen*[1]) zu betrachten, die etwa durch Stapelung ebener Kugelanordnungen[2]) entstanden gedacht werden können. Gerade die letztgenannte Betrachtungsweise ist von erheblichem didaktischen Wert. Zahlreiche Kristallstrukturen erweisen sich nämlich dabei als

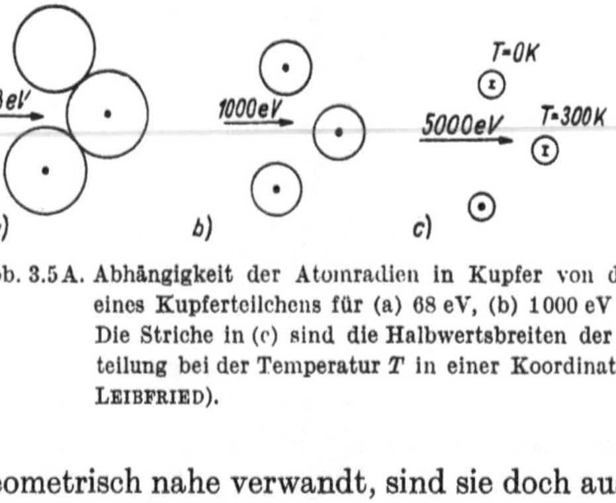

Abb. 3.5A. Abhängigkeit der Atomradien in Kupfer von der Primärenergie eines Kupferteilchens für (a) 68 eV, (b) 1000 eV und (c) 5000 eV. Die Striche in (c) sind die Halbwertsbreiten der thermischen Verteilung bei der Temperatur T in einer Koordinate (s. Teil 4) (nach LEIBFRIED).

geometrisch nahe verwandt, sind sie doch aus identischen Stapelschichten lediglich mit unterschiedlicher Stapelfolge aufgebaut (vgl. auch Kap. 3.4). Weiterhin können unterschiedliche Strukturen nach ihrer *Packungsdichte* oder *Raumerfüllung* klassifiziert werden, die als Verhältnis des von den Kugeln eingenommenen Volumens zum Gesamtvolumen der Kristallstruktur (bezogen auf die Elementarzelle) definiert ist. Auch derartige Betrach-

[1]) Jede Kugel berührt nach dieser Vorstellung mindestens eine andere. Die Kugeln können gleiche oder unterschiedliche Radien aufweisen.

[2]) Auch als *Kreispackungen* bezeichnet.

tungen erweisen sich, wie das experimentelle Material zeigt, oft als zweckmäßig.

Bisher sind wir von der Berührung benachbarter Ionen oder Atome ausgegangen, um den Bestandteilen der Kristallstruktur Kugelradien zuzuordnen. In einer Reihe von Fällen ist die unterstellte Kugelgestalt keine befriedigende Näherung. Dazu gehören beispielsweise der Diamant, der auf diese Weise eine zu seiner ungewöhnlichen Härte im Gegensatz stehende geringe Raumerfüllung von 33,8% zugeschrieben erhalten müßte und der rhombische Schwefel. Besser bewährt sich in diesen und anderen Fällen das *Kalottenmodell* des Atoms, das die „Reichweite" der Wechselwirkung nicht auf den Atomabstand beschränkt und damit ein gegenseitiges Durchdringen der Wirkungssphären benachbarter Atome zu-

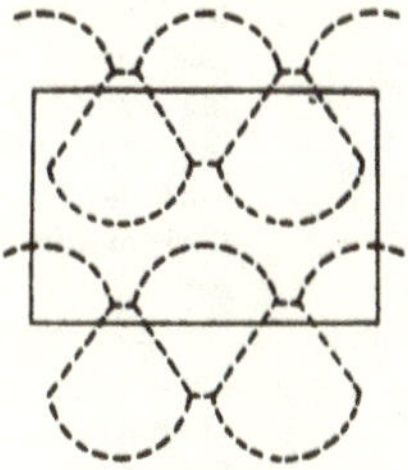

Abb. 3.6. (110)-Schnitt durch den D-Komplex im Kalottenmodell (nach KLEBER)

läßt. Es wird besonders erfolgreich auf organische Verbindungen angewandt.

Unter der Voraussetzung, daß sich Kugeln übernächster Nachbarn berühren, berechnet sich z. B. der Radius des Kohlenstoffatoms im Diamant zu $r = (a/4)\sqrt{2} = 1{,}26 \cdot 10^{-10}$ m (a Gitterkonstante $= 3{,}57 \cdot 10^{-10}$ m). Abb. 3.6 zeigt die Konturen der C-Kalotten im (110)-Schnitt durch die Diamantstruktur. Die Packungsdichte liegt bei 92%.

3.4. Strukturtypen

Strukturen mit gleichen Gitterkomplexen und der gleichen Raumgruppe werden zu einem Strukturtyp zusammengefaßt.[1]) Er vereinigt damit Anordnungen von Atomen gleicher Symmetrie und gleicher Zahl in der Elementarzelle ohne Rücksicht auf die absolute Größe der Zelle und der Parameter von Atomlagen. Obwohl die Zusammenhangsverhältnisse (vgl. Bauzusammenhang

Tabelle 15
Beispiele für Strukturtypen

Symbol nach Strukturbericht	Bezeichnung	Strukturformel	Raumgruppe	Gitterkomplexe	BRAVAIS-Gitter[2])
*A*1	Cu-Typ	Cu_4	*Fm*3*m*	*F*	kubisch-flächenzentr.
*A*2	W-Typ	W_2	*Im*3*m*	*I*	kubisch-raumzentriert
*A*4	Diamanttyp	C_8	*Fd*3*m*	*D*	kubisch-flächenzentr.
*A*3	Mg-Typ	Mg_2	$P6_3/mmc$	*E*	hexagonal
*A*15	Cr_3Si-Typ od. β-W-Typ	Si_2Cr_6	*Pm*3*n*	*IW*	einfach-kubisch
*B*1	NaCl-Typ	Na_4Cl_4	*Fm*3*m*	*FF'*	kubisch-flächenzentr.
*B*2	CsCl-Typ	Cs_1Cl_1	*Pm*3*m*	*PP'*	einfach-kubisch
$L1_2$	$AuCu_3$-Typ	Au_1Cu_3	*Pm*3*m*	*PJ*	einfach-kubisch
*C*9	Cristobalit-Typ	Si_8O_{16}	*Fd*3*m*	*DT*	kubisch-flächenzentr.
*C*15	$MgCu_2$-Typ	Mg_8Cu_{16}	*Fd*3*m*	*DT'*	kubisch-flächenzentr.
$H1_1$	Spinell-Typ	$Mg_8Al_{16}O_{32}$	*Fd*3*m*	$DT'F_2''xxx$	kubisch-flächenzentr.

[1]) Substanzen, die im gleichen Strukturtyp kristallisieren, heißen *isotyp*. Falls sie miteinander Mischkristalle bilden können, werden sie auch als *isomorph* bezeichnet.

[2]) Vgl. Tab. 1.

Kap. 3.5) noch variieren können, ist mit dem Strukturtyp eine für viele physikalische Anwendungen praktikable Klassifizierung geschaffen.

Auch für Strukturtypen gibt es bisher noch keine allseitig befriedigende und anerkannte Nomenklatur. Die in den Strukturberichten (1931—43) angewandte, weitgehend auf der chemischen Zusammensetzung beruhende hat sich als zu eng erwiesen, wird aber oft benutzt. Das Symbol besteht aus einem Buchstaben für die chemische Zusammensetzung und einer fortlaufenden Zahl. NaCl gehört so beispielsweise zum B1-Typ. Der Vorschlag der *ASTM*-Nomenklaturkommission 1957 sieht ein dreigliedriges Symbol vor, das aus der Zahl der Atome/Elementarzelle, der Bravais-Gitter-Bezeichnung und einem dazwischenstehenden Kleinbuchstaben zur Unterscheidung andernfalls gleicher Symbole für verschiedene Strukturtypen besteht. Für NaCl hat man dann z. B. den 8bF-Typ. Pearson schlägt vor, den Strukturtyp durch einen dreigliedrigen Ausdruck der Form Kristallsystem/Bravais-Gitter/Zahl der Atome pro Elementarzelle zu beschreiben. Für NaCl entsteht so das Symbol cF8- wobei c „cubic" bedeutet. Wir verwenden im folgenden meist die Bezeichnung nach einem Prototyp, z. B. NaCl-Typ.

Tab. 15 enthält einige Beispiele für Strukturtypen, die sie bildenden Gitterkomplexe (vgl. Tab. 9) und die Raumgruppe (vgl. Abschn. 2.4.2).

Wenn die Punktlagen des Gitterkomplexes von Koordinationspolyedern umgeben sind (dabei evtl. selbst nicht mit Atomen besetzt zu sein brauchen), entstehen Strukturen, die man *Homöotypen* derjenigen nur mit einem Atom pro Punktlage besetzten einfachen Strukturen nennt.

Beispielsweise kristallisiert FeS_2 in einer zum NaCl-Typ homöotypen Struktur. Der F-Komplex im NaCl-Typ sei durch Eisenatome belegt. Dann wird jede Punktlage des F'-Komplexes von zwei Schwefelatomen besetzt, die eine Hantel mit Zentrum an der Punktlage bilden (vgl. Abb. 3.7). Die Raumgruppe wird im allgemeinen eine andere sein. FeS_2 im vorliegenden Beispiel gehört zur Raumgruppe $Pa3$.

Wir besprechen im folgenden einige wichtige der mehr als 180 Strukturtypen. Die Charakteristika Raumgruppe, Gitterkomplex und Koordinationszahl wurden bereits erläutert. Für physikalische Anwendungen, z. B. Diffusion, sind darüber hinaus Größe und Anordnung der Lücken innerhalb der Elementarzelle von Interesse.

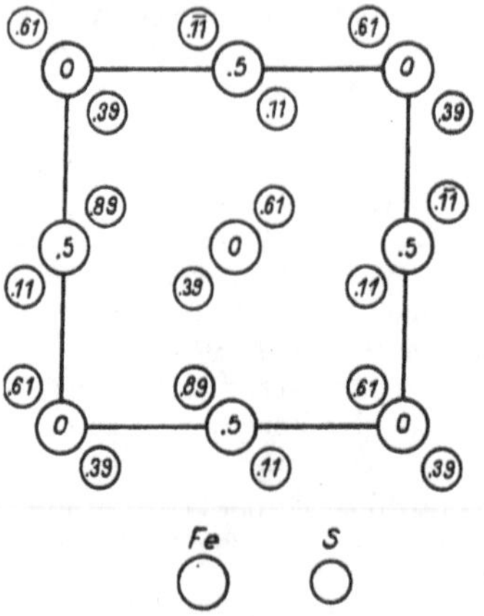

Abb. 3.7. Projektion der Atomlagen der Pyrit-Struktur FeS_2 auf die {001}-Ebene (nach WYCKOFF). Die Koordinate senkrecht zur Bildebene ist in Bruchteilen der Gitterkonstanten ebenfalls mit angegeben.

Die Strukturen der Elemente sind in Tab. 17 (s. S. 122) zusammengestellt. Zwischen Stellung im Periodensystem und Struktur bestehen bestimmte Zusammenhänge, deren quantitative Behandlung im Einzelfall noch schwierig ist. Die elektropositiven Elemente auf der linken Seite bevorzugen einfache metallische Strukturen, Metalloide und Aktiniden dagegen komplexere. B-Metalle tendieren nach geringerer Packungsdichte im Kugelmodell. Die Gruppen IVB bis VIIB befolgen recht gut die sog. *(8-N)-Regel*, wonach in der Struktur eines Elements der N-ten Untergruppe jedes Atom 8-N nächste Nachbarn aufweist. Die

Tabelle 16

Koordinationszahlen in einigen Strukturtypen

Strukturtyp	Gitter-komplex	1. Nachbarn Abstand	Zahl	2. Nachbarn Abstand	Zahl	3. Nachbarn Abstand	Zahl
einfach-kubisch	P	$d = a$	6	$\sqrt{2}\,d$	12	$\sqrt{3}\,d$	8
W-Typ	I	$d = \frac{a}{2}\sqrt{3}$	8	$\frac{2d}{\sqrt{3}}$	6	$\sqrt{\frac{3}{2}}\,d$	12
Cu-Typ	F	$d = \frac{a}{\sqrt{2}}$	12	$\sqrt{2}\,d$	6	$\sqrt{3}\,d$	24
einfach-hexagonal	P	$d = a$	6	$\frac{c}{a}\,d$	2	$\sqrt{3}\,d;\ \sqrt{d^2 + c^2}$	18
Mg-Typ	E	$d = a$	12	$\sqrt{2}\,d$	6	$\sqrt{\frac{8}{3}}\,d;\ \sqrt{3}\,d$	8
NaCl-Typ	FF'	$d = \frac{a}{2}$	6	$\sqrt{2}\,d$	12	$\sqrt{3}\,d$	8
CsCl-Typ	PP'	$d = \frac{a}{2}\sqrt{3}$	8	$\frac{2}{\sqrt{3}}\,d$	6	$\sqrt{\frac{3}{2}}\,d$	12
Diamanttyp	D	$d = \frac{a}{4}\sqrt{3}$	4	$2\sqrt{\frac{2}{3}}\,d$	12	$\sqrt{\frac{11}{3}}\,d$	12
Zinkblendetyp	FF''	$d = \frac{a}{4}\sqrt{3}$	4	$2\sqrt{\frac{2}{3}}\,d$	12	$\sqrt{\frac{11}{3}}\,d$	12
Wurtzittyp	EE'	$d = a\sqrt{\frac{3}{8}}$	4	$\sqrt{\frac{8}{3}}\,d$	12	$\frac{5}{3}\,d;\ \sqrt{\frac{11}{3}}\,d$	7

metallischen Elemente[1]) und eine Reihe Nichtmetalle (z. B. feste Edelgase) kristallisieren in der überwiegenden Zahl in einem der drei Strukturtypen Cu-*Typ*, Mg-*Typ* und W-*Typ* (vgl. Tab. 15 und für die Koordinationszahlen Tab. 16), deren Elementarzellen in den Abb. 3.8 bis 3.10 wiedergegeben sind. Die beiden erstgenannten Strukturen lassen sich als raumfüllende Stapelungen von Tetraedern und Oktaedern (vgl. Tab. 11) beschreiben, deren Ecken von Atomen besetzt sind, oder auch als dichteste Kugelpackungen mit Lücken der in Tab. 13 angegebenen Größe. Betrachtet man die Stapelung senk-

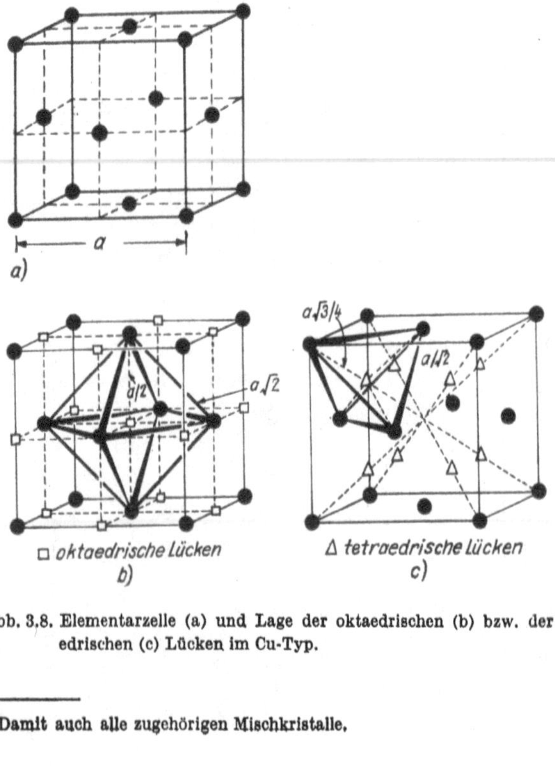

Abb. 3.8. Elementarzelle (a) und Lage der oktaedrischen (b) bzw. der tetraedrischen (c) Lücken im Cu-Typ.

---

[1]) Damit auch alle zugehörigen Mischkristalle.

recht zur Oktaederbegrenzungsfläche[1]), dann läßt sich der Unterschied zwischen Cu- und Mg-Typ wie in Abb. 3.11 angegeben darstellen. Im Cu-Typ sind innerhalb einer Elementarzelle die Schichten *A*, *B* und *C* übereinandergestapelt, im Mg-Typ nur *A* und *B*. In der Stapelfolge *ABAB* ... ist jede dichtgepackte Ebene Spiegelebene (s. Abb. 3.11 b). Die Anordnung der Lücken ist ebenfalls in Abb. 3.8 und 3.9 angegeben.

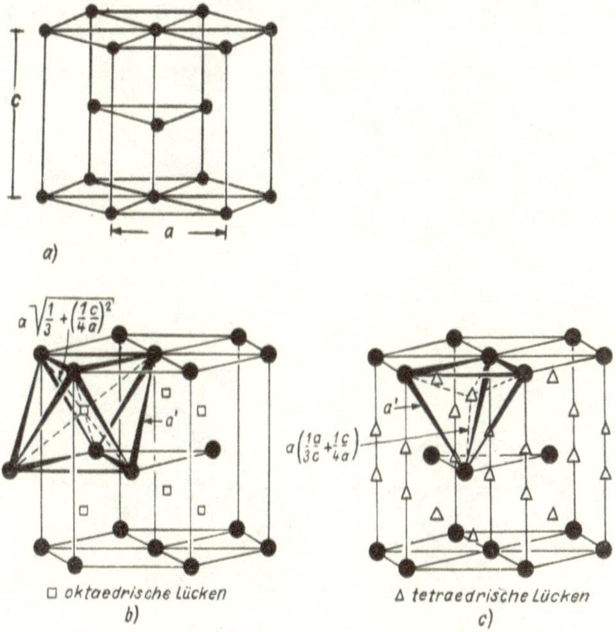

Abb. 3.9. Elementarzelle (a) und Lage der oktaedrischen (b) bzw. der tetraedrischen (c) Lücken im Mg-Typ. Zur besseren Übersicht sind jeweils $2^2/_3$ Elementarzellen gezeichnet worden.

---

[1]) Im Koordinatensystem des kubischen Cu-Typs ist dies die {111}-Ebene, in dem des hexagonalen Mg-Typs mit idealem Achsenverhältnis (c/a = 1,63) erhält sie die Indizes (0001).

Pro besetzte Punktlage sind eine oktaedrische und zwei tetraedrische Lücken vorhanden. Die *Lückenkoordinaten* lauten: Cu-Typ, 8 tetraedrische in $\frac{1}{4}\frac{1}{4}\frac{1}{4}$, $\frac{3}{4}\frac{3}{4}\frac{1}{4}$, $\frac{3}{4}\frac{1}{4}\frac{3}{4}$, $\frac{1}{4}\frac{3}{4}\frac{3}{4}$, $\frac{3}{4}\frac{3}{4}\frac{3}{4}$, $\frac{1}{4}\frac{1}{4}\frac{3}{4}$, $\frac{1}{4}\frac{3}{4}\frac{1}{4}$, $\frac{3}{4}\frac{1}{4}\frac{1}{4}$ und 4 oktaedrische in $0\,0\,\frac{1}{2}$, $0\,\frac{1}{2}\,0$, $\frac{1}{2}\,0\,0$, $\frac{1}{2}\frac{1}{2}\frac{1}{2}$; Mg-Typ, 4 tetraedrische in $0\,0\,\frac{3}{8}$, $0\,0\,\frac{5}{8}$, $\frac{1}{3}\frac{2}{3}\frac{1}{8}$, $\frac{1}{3}\frac{2}{3}\frac{7}{8}$ und 2 oktaedrische in $\frac{2}{3}\frac{2}{3}\frac{1}{4}$, $\frac{2}{3}\frac{2}{3}\frac{3}{4}$.

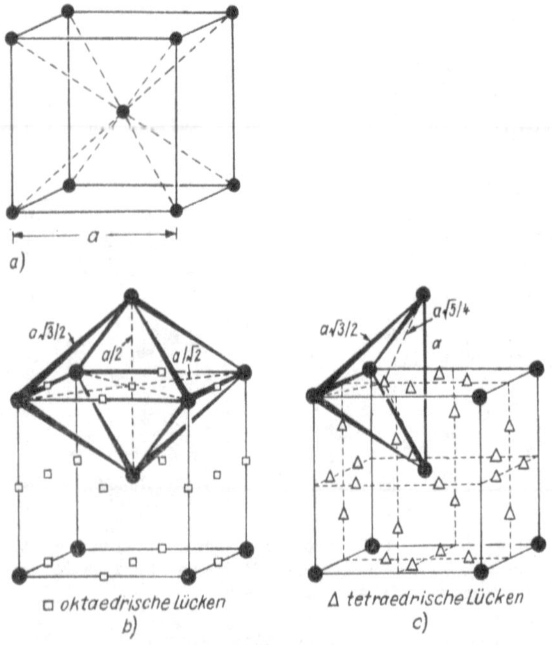

Abb. 3.10. Elementarzelle (a) und Lage der oktaedrischen (b) bzw. der tetraedrischen (c) Lücken im W-Typ.

Eine im Zusammenhang mit Festkörperkugelmodellen neuerdings praktisch bedeutsam gewordene Fragestellung ist die nach *Kanälen* in einer Struktur. In den Festkörper eingedrungene Teilchen erreichen längs dieser geometrisch ausgezeichneten Gebiete geringen Potentials lange Flugstrecken. Bereits an Projektionen der Elementarzelle von der Art der Abb. 3.11 (a) erkennt man derartige Möglichkeiten. Die genaue Lage eines Kanals hängt von der Form des Potentials ab. In Abb. 3.12 sind Kanäle im Cu-Typ in fünf kristallographisch verschiedenen Richtungen dargestellt.

Die *Lücken des W-Typs* (Abb. 3.10) sind tetraedrisch bei $\frac{1}{2}\,\frac{1}{4}\,0 \rightsquigarrow$ und oktaedrisch bei $\frac{1}{2}\,\frac{1}{2}\,0 \rightsquigarrow$ sowie $\frac{1}{2}\,0\,0 \rightsquigarrow$

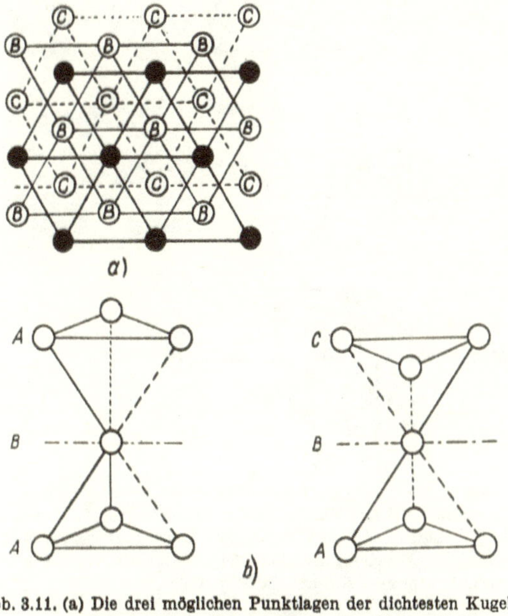

Abb. 3.11. (a) Die drei möglichen Punktlagen der dichtesten Kugelpackungen, projiziert auf die Oktaederebene. (b) Unterschiedliche Anordnung der benachbarten Atome in ABC- und ABA-Stapelfolge

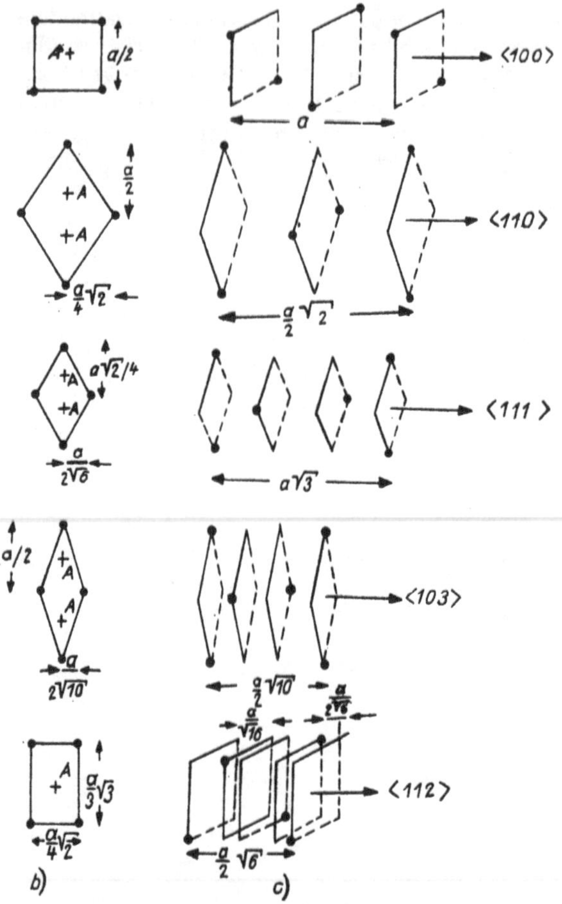

Abb. 3.12. Kanäle im Cu-Typ für ein BORN-MAYER-Potential in Cu verschiedener niedrigindizierter Richtungen der Elementarzelle, (b) Projektion der den Kanälen A benachbarten Atomlagen senkrecht zur Kanalrichtung, (c) Verteilung der Atome längs der Kanalachse. Die Gitterkonstante a bezieht sich auf Tab. 1, S. 13.

von Atomen umgeben. Der Abstand von der Lückenmitte zu allen 4 Nachbaratomen ist zwar gleich, letztere bilden jedoch kein reguläres Tetraeder. Die kleineren Lücken sind von 6 Atomen umgeben, die ein irreguläres Oktaeder bilden. Zwei Atome liegen näher zum Mittelpunkt als die restlichen vier. Im Kugelmodell gelten für die Lücken die in Tab. 18 angegebenen Radienquotienten (zum Vergleich s. Tab. 13).

Tabelle 18

Radienquotienten und Volumenverhältnis der Lücken im W-Typ

Polyeder	r_Z/r_E	r_Z^3/r_E^3
Tetraeder	0,291	0,0246
Oktaeder	0,154	$0{,}0036_5$

Im Gegensatz zum Cu-Typ läßt sich der W-Typ nicht als dichteste Packung von Kugeln beschreiben. Seine

Tabelle 19

Raumerfüllung einiger Kristallstrukturen im Kugelmodell

Strukturtyp	Raumerfüllung	Strukturtyp	Raumerfüllung
Cu	$0{,}74 = \pi/3\sqrt{2}$	NaCl, NiAs	$0{,}79_3$**)
W	0,68	CaF_2	$0{,}75_7$
Mg	0,74 (c/a = 1,63)	Zinkblende, Wurtzit	$0{,}74_8$**)
	0,72 (c/a = 1,68)		
	0,69 (c/a = 1,75)		
	0,65 (c/a = 1,86)	Cu + tetraedr. u. okt.	
		Lücken gefüllt	$0{,}80_9$
In	$0{,}68_6$ (c/a = 1,08)	einfach-kubisch	0,524
Sn	$0{,}53_6$ (c/a = 0,54)	CsCl	$0{,}72_9$***)
		$MgCu_2$	0,71
Ga	0,39*)		
Ge	0,34		

*) für Element Gallium,
**) bei dichtester Packung der Kugeln auf den Plätzen des *F*- oder *E*-Gitterkomplexes,
***) bei Berührung der Kugeln einer Sorte

Raumerfüllung[1]) ist kleiner, den Vergleich bietet Tab. 19. Eine Raumerfüllung größer als 74% ist nur mit verschieden großen Kugeln möglich. Einige noch zu besprechende Strukturen von Verbindungen weisen höhere Werte auf (vgl. Tab. 19). Nach Füllen aller Lücken erreicht man rund 81%. Dabei beziehen sich die in Tab. 19 angegebenen Zahlen auf den Fall der dichtesten Kugelpackung der Anionen.

Im *Diamanttyp* dominiert die tetraedrische Koordination. Die Struktur kann als Stapelung von Tetraedern

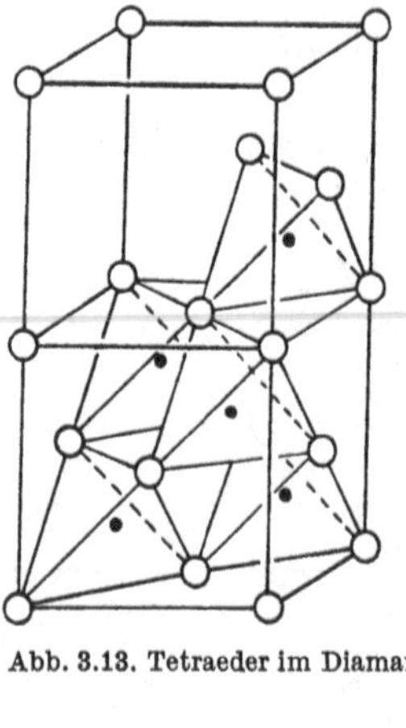

Abb. 3.13. Tetraeder im Diamant-Typ

und Oktaedern beschrieben werden. Im Gegensatz zum Cu-Typ sind zusätzlich die Tetraederzentren von Atomen besetzt (vgl. Abb. 3.13).

Diamanttyp und einige weitere wichtige Strukturtypen lassen sich auch durch unterschiedliche Füllung der Lücken aus dem Cu-Typ ableiten. Aus Abb. 3.14 geht dies für *Zinkblende*-(ZnS)-*Typ*, NaCl-*Typ*, CaF_2-*Typ*, Mn_2O_3-*Typ* und BiF_3-*Typ* unmittelbar hervor. Analog folgen aus dem Mg-Typ die Strukturtypen von *Wurtzit*

---

[1]) Vgl. Abschn. 3.3.3.

Tabelle 17

Periodensystem der Elemente mit Angaben zur Kristallstruktur[1])

← Metalle

← Übergangsmetalle

IA	IIA	IIIA	IVA	VA	VIA	VIIA	
1 H A3							
3 Li A2 A3 A1							
11 Na A2 A3							
19 K A2	20 Ca A1 A2	21 Sc A3 (A2)	22 Ti A3 A2	23 V A2	24 Cr A2	25 Mn A12 A13 A1 A2	26 Fe A2 A1 A2
37 Rb A2	38 Sr A1 A3 A2	39 Y A3 A2	40 Zr A3 A2	41 Nb A2	42 Mo A2	43 Tc A3	44 Ru A3
55 Cs A2	56 Ba A2	57 La A3[2]) A1 A2	72 Hf A3 A2	73 Ta A2	74 W A2	75 Re A3	76 Os A3
87 Fr (A2)	88 Ra (A2)	89 Ac A1	← Metalle I. Art				

stark unedle Metalle
(A-Metalle)

				*
Seltene Erden	58 Ce A1 A1 A3[2]) A2	59 Pr A3[2]) A2	60 Nd A3[2]) A2	* 61 Pm A3[2])
Aktiniden	90 Th A1 A2	91 Pa T (A2)	92 U A20 T A2	* 93 Np O T A2

[1]) Einteilung des Periodensystems nach DEHLINGER. Neben der Ordnu
kürzungen bedeuten: A1 = Cu-Typ, A2 = W-Typ, A3 = Mg-Typ, A
Typ, A10 = Mg-Typ, A11 = Ga-Typ, A12 = α-Mn-Typ, A13 = β-M
rhomboedrisch, O = rhombisch, C = kubisch, T = tetragonal, M =

[2]) Von der üblichen abweichende Stapelfolge.

→←——— Metalloide ———→

	IIA	IIIA					
							2 He A3
	4 Be A3 A2	5 B H T	6 C A4 A9 R	7 N H C	8 O O (C) R	9 F	10 Ne A1
dle Me- alle	12 Mg A3	13 Al A1	14 Si A4	15 P C C A17	16 S A16 M R	17 Cl A18	18 Ar A1
B	IIB	IIIB	IVB	VB	VIB	VIIB	
Cu A1	30 Zn A3	31 Ga A11	32 Ge A4	33 As A7	34 Se A8 M M	35 Br A14	36 Kr A1
Ag A1	48 Cd A3	49 In A6	50 Sn A5 A4	51 Sb A7	52 Te A8	53 J A14	54 Xe A1
Au A1	80 Hg A10	81 Tl A3 A2	82 Pb A1	83 Bi A7	84 Po C R	85 At	86 Rn

→←——— Metalle II. Art ———→ (B-Metalle) | Edelgase

↑ Zintl-Grenze

Gd 3 2	65 Tb A3 (A2)	66 Dy A3	67 Ho A3	68 Er A3	69 Tm A3	70 Yb A1 A2	71 Lu A3
* Cm	* 97 Bk	* 98 Cf	* 99 Es	* 100 Fm	* 101 Md	* 102 No	* 103 Lw

nentsymbol sind die Strukturen aller Modifikationen angegeben. Die Ab-
5 = Sn-Typ, A6 = In-Typ, A7 = As-Typ, A8 = Se-Typ, A9 = Graphit-
, A16 = S-Typ, A18 = Cl-Typ, A20 = α-U-Typ, H = hexagonal, R =
sicher, * = künstliches Element. A17 = P-Typ

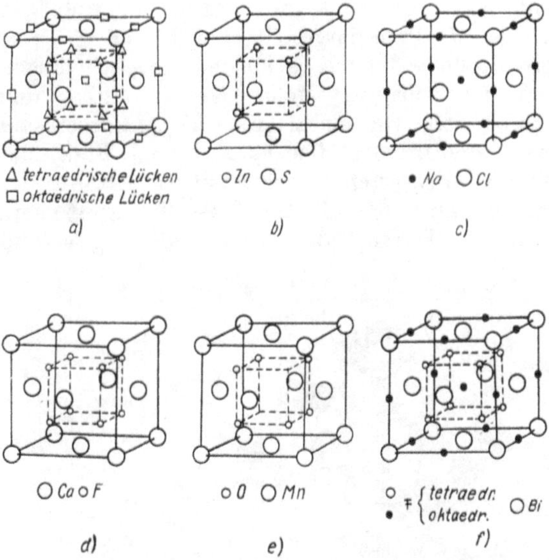

Abb. 3.14. Aufbau der Strukturtypen Zinkblende (ZnS) (b), NaCl (c), CaF_2 (d) Mn_2O_3 (e), BiF_3 (f) durch unterschiedliche Füllung der tetraedrischen und oktaedrischen Lücken des Cu-Typs (a). Man beachte, daß bei Mn_2O_3 nur 3/4 der tetraedrischen Lücken besetzt sind und sich die vollständige Elementarzelle aus 8 Würfeln der dargestellten Art zusammensetzt. Die Kreisdurchmesser sind kein Maß für die Ionengröße.

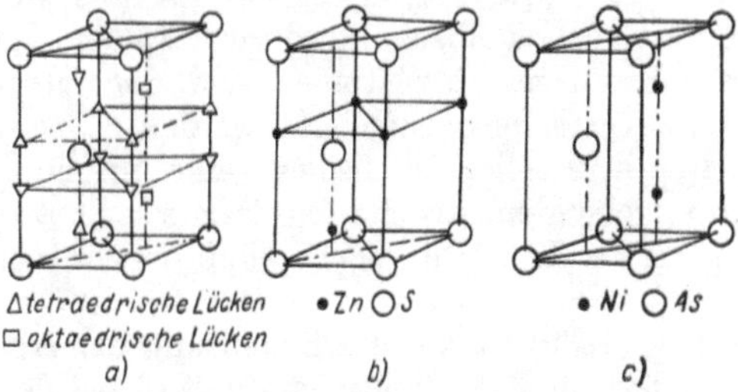

Abb. 3.15. Aufbau der Strukturtypen des Wurtzit (ZnS) (b) und des NiAs (c) durch Füllung der Hälfte der tetraedrischen (b) bzw. aller oktaedrischen Lücken des Mg-Typs (a) (nach SIROTA)

ZnS) und NiAs, deren Elementarzellen in Abb. 3.15 neben der des Mg-Typs dargestellt sind.

Weitere Beispiele für aus dichtesten Kugelpackungen abgeleitete Strukturtypen stellen $MgCu_2$, $MgZn_2$ und $MgNi_2$ dar, auf deren Gemeinsamkeiten LAVES aufmerksam gemacht hat und die nach ihm benannt sind. Füllt man in der kubisch-dichtesten Kugelpackung die Hälfte der tetraedrischen Lücken (vgl. Abb. 3.8) mit Mg-Atomen, den Rest mit Cu-Tetraedern, erhält man den $MgCu_2$-Typ

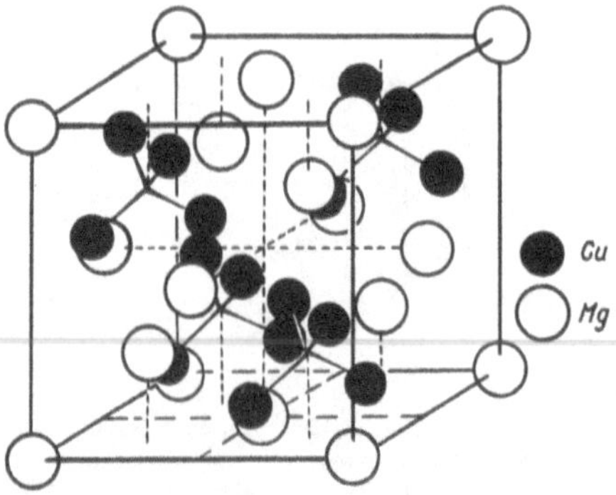

Abb. 3.16. $MgCu_2$-Typ

(Abb. 3.16, Tab. 15). Der $MgZn_2$-Typ kann aus der hexagonal-dichtesten Kugelpackung durch Füllen der oktaedrischen Lücken mit Mg-Atomen und der tetraedrischen mit Zn-Tetraedern aufgebaut werden.

Der $MgNi_2$-Typ schließlich ist insofern eine Mischung der beiden vorangehenden, als die Mg-Atome z. T. wie im $MgCu_2$-Typ und z. T. wie im $MgZn_2$-Typ angeordnet sind.

Durch SCHULZE (1939) ist auf die Bedeutung der Koordinationspolyeder mit Koordinationszahl >12 bei den LAVES-Phasen aufmerksam gemacht worden. Danach weist ein Mg-Atom 16 nächste Nachbarn auf, davon befinden sich 4 Mg-Atome im Abstand $a\sqrt{3}/4$ (große

Kreise in Abb. 3.5) und 12 Cu-Atome in nur wenig geringerer Distanz von $a\sqrt{11/4}/4$ (das zugehörige KASPER-Polyeder in Abb. 3.5 war irregulär). Jedes Cu-Atom ist seinerseits von insgesamt 12 nächsten Nachbarn umgeben, davon 6 Cu-Atomen im Abstand $a\sqrt{2}/4$ und 6 Mg-Atomen in $a\sqrt{11/4}/4$. Das entsprechende Ikosaeder der Abb. 3.5 ist damit ebenfalls irregulär. Diese Eigenart

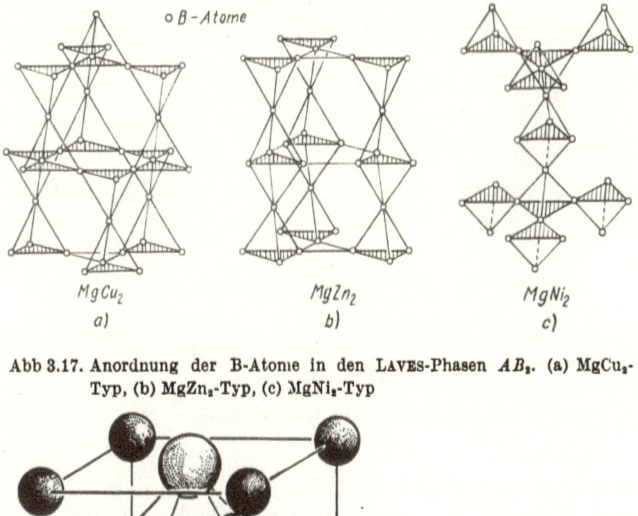

Abb 3.17. Anordnung der B-Atome in den LAVES-Phasen AB_2. (a) $MgCu_2$-Typ, (b) $MgZn_2$-Typ, (c) $MgNi_2$-Typ

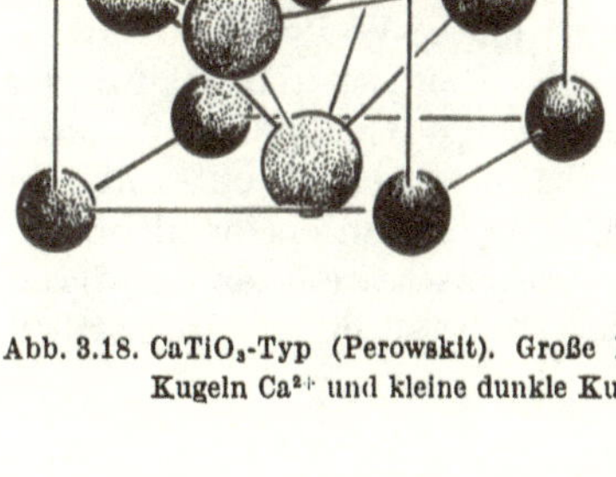

Abb. 3.18. $CaTiO_3$-Typ (Perowskit). Große helle Kugeln O^{2-}, große dunkle Kugeln Ca^{2+} und kleine dunkle Kugel Ti^{4+}

gestattet einen Kompromiß zwischen den Vorzügen der Packung regulärer Tetraeder (hohe Raumerfüllung) und denen irregulärer Polyeder (lückenlose Füllung bei hoher Koordinationszahl) (vgl. Kap. 3.3) zu schließen. Die Tetraedergerüste von Cu-, Zn- oder Ni-Atomen sind in Abb. 3.17 dargestellt.

Zwei Strukturtypen seien wegen der besonderen physikalischen Eigenschaften ihrer Vertreter noch durch die Atomlagen charakterisiert. Davon ist die *Perowskitstruktur* ($CaTiO_3$-Typ) (Abb. 3.18) insofern ein besonderer Abkömmling der dichtesten Kugelpackung, als hier

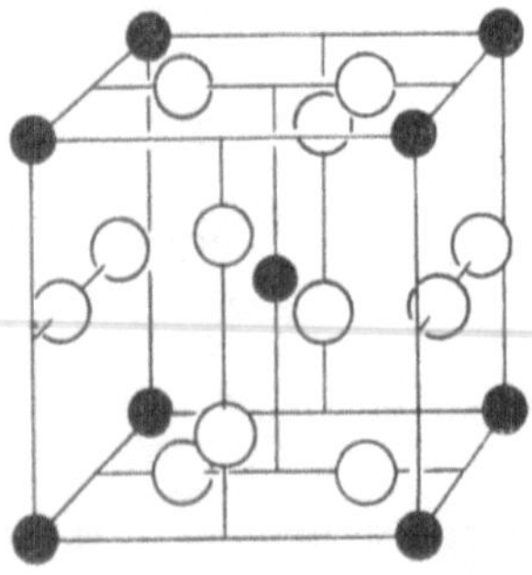

Abb. 3.19. Cr_3Si-Typ (β-W-Typ). Leere Kreise Cr-Atome

Anionen und größere Kationen gemeinsam den *F*-Komplex besetzen und in einer oktaedrischen Lücke das kleinere Kation untergebracht ist. Die Zelle ist schwach monoklin deformiert.

Mit dem Cr_3Si-Typ (oder früher β-W-Typ) sei die Reihe der Beispiele abgeschlossen. Hier ist die Hälfte der tetraedrischen Lücken des W-Typs (vgl. Abb. 3.10) durch Cr-Atome besetzt (Abb. 3.19). Dadurch entsteht ein System windschiefer Cr-Ketten, die anscheinend für die besonderen physikalischen Eigenschaften der mit dieser Struktur kristallisierenden Substanzen verantwortlich sind.

Einlagerungs-Mischkristalle auf der Basis der besprochenen einfachen Strukturtypen entstehen durch ungeordnete Lückenfüllung. Intermediäre Phasen, die durch Füllung der Lücken nach einer bestimmten Vorschrift aufgebaut werden können, werden auch als *Einlagerungsverbindungen* bezeichnet. Für die Besprechung ihrer Strukturen sei auf GOLDSCHMIDT verwiesen.

3.5. Bauzusammenhänge oder -verbände

In Tab. 19 waren Zahlenwerte für die Schwankung der Raumerfüllung im Mg-Typ bei verschiedenem Verhältnis der Gitterkonstanten c/a angegeben und damit ein Hinweis darauf geliefert worden, daß der auf dem Gitterkomplex fußende Strukturtypbegriff geometrisch noch recht verschiedene Strukturen vereint. So waren auch die Koordinationszahlen der Tab. 16 nur für ein festes Verhältnis $c/a = \sqrt{8/3}$ streng richtig.

Gerade auch für das Verständnis physikalischer Kristalleigenschaften empfiehlt sich nach LAVES die Angabe des *Bauzusammenhanges* oder *Bauverbandes*, d. h. der Gesamtheit der Strukturbaueinheiten (Atome, Ionen, Moleküle), die durch kürzeste Abstände miteinander verbunden werden können. Je nachdem, ob die Gesamtheit sich in null, einer, zwei oder drei Dimensionen ins Unendliche erstreckt, heißt der Zusammenhang Insel (I), Kette (K), Netz (N) oder Gitter (G). Weiter heißt er homogen, wenn alle Baueinheiten gleichartig sind, andernfalls heterogen. Im letzteren Falle werden die entsprechenden Kleinbuchstaben zur Bezeichnung benutzt. Während im Cu-Typ beispielsweise stets ein gitterhafter Bauverband vorliegt, wird er im Mg-Typ bei Abweichung vom c/a-Verhältnis $\sqrt{8/3}$ netzartig.

Zur Kennzeichnung des Bauzusammenhanges dient nach LAVES der Bauplan. Auf diese Weise können Ähnlichkeiten des Aufbaus verschiedener Strukturtypen leicht erkannt werden. Als Beispiel seien die drei Strukturtypen

Tabelle 20

Baupläne des $MgCu_2$-, $MgZn_2$- und $MgNi_2$-Typs

$MgCu_2$			
	Cu	6 g 12	Mg
	6 G	$d_{AB} = 2{,}92 \cdot 10^{-10}$ m	4 G (Zinkblende-Typ)
	$d_B = 2{,}40 \cdot 10^{-10}$ m		$d_A = 3{,}05 \cdot 10^{-10}$ m
$MgZn_2$			
	Zn	6 g 12	Mg
	6 G	$d_{AB} = 3{,}02 \cdot 10^{-10}$ m	4 G (Wurtzittyp)
	$d_B = 2{,}59 \cdot 10^{-10}$ m		$d_A = 3{,}17 \cdot 10^{-10}$ m
$MgNi_2$			
	Ni	6 g 12	Mg
	6 G	$d_{AB} = 2{,}82 \cdot 10^{-10}$ m	4 G (Zinkblende- und Wurtzit-Typ)
	$d_B = 2{,}42 \cdot 10^{-10}$ m		$d_A = 2{,}96 \cdot 10^{-10}$ m

der sog. LAVES-Phasen $MgCu_2$, $MgZn_2$ und $MgNi_2$ gewählt, die man wegen ihrer Verwandtschaft auch als homöotekt bezeichnet. Ihre Baupläne sind nach Tab. 20 gleich. Im Falle des $MgCu_2$ bedeuten die Bezeichnungen folgendes: Die Cu-Atome bilden ein homogenes Gitter G mit der Koordinationszahl $K = 6$. Die Mg-Atome stehen ebenfalls in gitterhaftem Bauzusammenhang untereinander, wobei $K = 4$ ist. Die Abstände der Atomlagen sind darunter vermerkt. Cu- und Mg-Atome bilden zusammen ein heterogenes Baugitter g, wobei jedes Cu-Atom 6 Mg-Nachbarn und jedes Mg-Atom 12 Cu-Nachbarn im gleichen Abstand d_{AB} besitzt. Die Verwandtschaft der 3 Strukturtypen (und die Brauchbarkeit der Baupläne) ist danach evident.

3.6. Symmetriegruppen- und Strukturtabellen

Die Ergebnisse der vielseitigen Strukturuntersuchungen werden in Tabellenwerken zusammengefaßt, die je nach beabsichtigtem Verwendungszweck unterschiedliche Informationen enthalten. Zu ihrem vollen Verständnis werden meist zusätzlich Tabellen benötigt, die alle Anordnungsmöglichkeiten von Symmetrieelementen enthalten.

Wir verweisen im folgenden auf einige weit verbreitete Tabellenwerke.

3.6.1. *Symmetriegruppendarstellungen*

Einen vollständigen Katalog aller ein-, zwei- und dreidimensionalen Punkt- und Raumgruppen enthalten die "International Tables for X-Ray Crystallography" Vol. I bzw. die „Internationalen Tabellen" Bd. 1. Für jede Punktgruppe ist die stereographische Projektion der Symmetrieelemente, für jede Raumgruppe die Anordnung der Symmetrieelemente in der Elementarzelle sowie die Koordinaten der mit der betreffenden Symmetrie verträglichen Äquivalentlagen angegeben. Die Äquivalentlagen sind mit kleinen Buchstaben nach einer auf Wyckoff zurückgehenden Nomenklatur unterschieden. Von Kopzik (1966) stammt darüber hinaus eine graphische Darstellung aller zweifarbigen Punkt- und Raumgruppen.

3.6.2. *Tabellen mit Angaben zur Kristallstruktur*

Eine umfassende Zusammenstellung der Atomlagen und daraus abgeleiteter geometrischer Größen enthalten die Bände des „Strukturberichtes" bzw. der "Structure Reports". Ein Substanzregister ermöglicht das Auffinden der Struktur einer Substanz mit bekannter Bruttoformel. Die Ordnung ist nach Strukturtypen erfolgt. In Ergänzungsbänden sind neue Ergebnisse nachgetragen.

Literaturzusammenstellungen von Strukturbestimmungen sowie Angaben zum Strukturtyp, der Elementarzellenabmessungen und der Dichte anorganischer und organischer Kristalle sind auch in Bänden des Landolt-Börnstein (1955 und 1971) enthalten. Die Ordnung erfolgte nach der chemischen Bruttoformel. Der Band von 1955 ist mit einem Register der Mineralnamen ausgestattet.

Die Gitterkonstanten von Elementen und Legierungen (einschließlich von Boriden, Carbiden, Hydriden, Nitriden und binären Oxiden) sind nach kritischer Literaturdurchsicht mit umfangreichen Quellenangaben in den von Pearson herausgegebenen Handbüchern zusammengefaßt.

Darüber hinaus werden vom Festkörperphysiker Angaben über die Stabilität von Strukturen in Abhängigkeit von Zustandsgrößen Temperatur, Druck, chemische Zusammensetzung u. a. benötigt. Strukturen werden dabei meist nur durch Angabe des Strukturtyps und der Gitterkonstanten beschrieben. Für keramische Werkstoffe seien Levin et al., für geologische Systeme Bowen und für metallische Systeme Hansen/Anderko, Elliott, Smithells genannt.

4. Störungen der Kristallstruktur

Das bisher entworfene Bild von der Anordnung der Atomkerne, Elektronen und magnetischen Momente im Festkörper ist ein idealisierter Grenzfall, dessen Betrachtung für zahlreiche Anwendungen eine gute nullte Näherung darstellt und vor allem erhebliche rechnerische Vorteile bietet.

Tatsächlich werden mannigfache Abweichungen von diesem Idealkristall beobachtet. Darunter finden sich nicht nur Kristalle mit hoher Verdünnung der Störungen (nahezu perfekte Kristalle), sondern auch Grenzfälle des stark gestörten Kristalls im amorphen oder glasartigen Zustand.

Dabei hängt der quantitative Einfluß jeder Störung von der untersuchten physikalischen Eigenschaft ab. Beispielsweise sind die elastischen Konstanten eines Kristalls wenig störungsempfindlich, während die Kenngrößen der plastischen Verformbarkeit ohne Berücksichtigung bestimmter Defekte teilweise nicht einmal qualitativ beschrieben werden können.

Im Grunde kann alles, was zur Entropie eines Kristalles beiträgt, als Störung oder *Gitterfehler*[1]) angesehen werden. Vom kristallographischen Standpunkt handelt es sich um *Abweichungen* von der strengen *Translationssymmetrie*. Die Änderung der Symmetrieeigenschaften durch die Störung hängt von deren Typ ab. Während sich im *Idealkristall* das BRAVAIS-Gitter mit allen Symmetrieelementen durch den gesamten Kristall erstreckt, enthält die Symmetrie des *Realkristalls* Elemente, die nicht zur Punktgruppe des ungestörten gehören. Bei der praktischen Arbeit wird gelegentlich von Symmetrieeigenschaften ausgegangen, die ein Realkristall näherungsweise besitzt, und zwar in dem Volumen, das zu einem bestimmten Meßergebnis beiträgt. So kann z. B. bei sehr kleinen Kristallen die Existenz einer Oberfläche das Meßergebnis wesentlich beeinflussen, während sie bei großen gewöhnlich vernachlässigbar ist.

Es hat sich als sehr nützlich erwiesen, die Klassifizierung der Störungen nach geometrischen Gesichtspunkten vorzunehmen. Danach denkt man sich das schlechte[2]) Kristallgebiet durch eine Hüllfläche vom guten[2]) getrennt und betrachtet die Ausdehnung des eingehüllten Volumens.

Folgende Typen von Gitterfehlern sind danach zu unterscheiden.

4.1. Nulldimensionale Fehlordnung

Das schlechte Gebiet erstreckt sich in keiner Dimension über atomare Größenordnung hinaus. Zahlreiche Formen sog. *Punktdefekte* können auftreten. Wir unterscheiden *atomare*, *elektronische* und *energetische*.

[1]) Die Bezeichnung Gitterfehler ist weit verbreitet und wird deshalb auch hier gebraucht. Man muß sich jedoch darüber klar sein, daß es sich um eine Störung der Struktur handelt.

[2]) Ein Gebiet heiße schlecht, soweit die in ihm enthaltenen Atome nicht willkürfrei einem Schnittpunkt dreier Netzebenen zugeordnet werden können. Andernfalls sei es gut.

4.1.1. *Atomare Punktfehler*

Darunter versteht man Abweichungen von der Translationssymmetrie, die primär durch fehlgeordnete Atomkerne gekennzeichnet sind. Wegen der Kopplung von Kern und Elektronen hat dies meist auch Störungen der Elektronenanordnung zur Folge. Einige wichtige Grundtypen seien zusammengestellt.

a) Substitution von Isotopen

Einzelne Atomlagen können durch ein dem Wirtkristall verwandtes Isotop besetzt sein. Während die Elektronenkonfiguration unverändert bleibt, bringt die veränderte Masse verändertes dynamisches Verhalten mit sich. Diese Störung tritt praktisch bei allen Kristallen auf. Abb. 4.1a enthält eine schematische Darstellung. Für die Umgebung der Isotopenmasse besitzt die gestörte Atomlage Inversionssymmetrie, wenn dies auch vor der

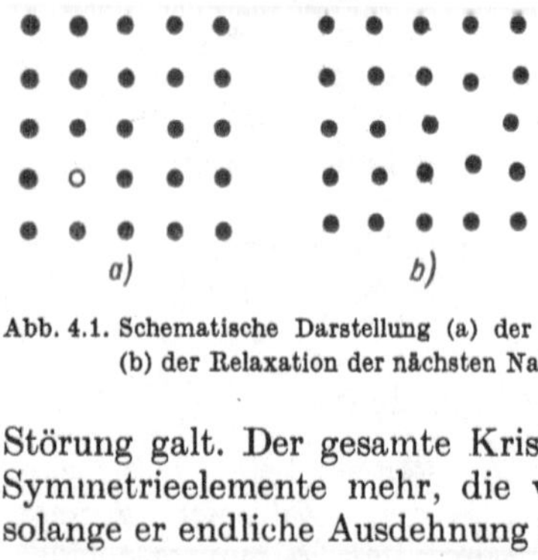

Abb. 4.1. Schematische Darstellung (a) der Substitution eines Isotopes und (b) der Relaxation der nächsten Nachbarn einer Leerstelle

Störung galt. Der gesamte Kristall besitzt i. allg. keine Symmetrieelemente mehr, die von 1 verschieden sind, solange er endliche Ausdehnung aufweist.

b) Substitution von Fremdatomen

Anstelle des Wirtgitteratoms ist auf dem gleichen[1]) Platz ein chemisch verschiedenes sog. *Fremdatom* eingebaut. Wegen dessen veränderter Elektronenstruktur (neben der veränderten Masse) kommt es zu vielfältigen

---

[1]) Oder nur um Beträge kleiner als ein Atomabstand dagegen verschoben.

Änderungen von Struktur und Eigenschaften, deren Reichweite über atomare Abstände hinausgehen kann. Im Gegensatz zur Isotopensubstitution werden sich die Nachbaratome aus ihren ursprünglichen Gleichgewichtslagen verschieben. In hochsymmetrischen Lagen kann die Störung Kugelsymmetrie aufweisen. Durch die Wirkung der Ladungsverteilung der umgebenden Ionen (*Kristallfeld*) können sich jedoch die Energiezustände des Fremdatoms verschieben. Nach dem JAHN-TELLER-*Theorem* ist jede Struktur (in unserem Falle Matrix mit Fremdatom) gegenüber einer Strukturänderung mit Symmetrieerniedrigung instabil, wenn dadurch eine vor der Änderung vorhandene Entartung eines besetzten elektronischen Energieniveaus aufgehoben wird. Daher kann es beispielsweise zu einer tetragonalen Verzerrung nach dem Einbau eines Fremdatomes in eine Matrix kubischer Symmetrie kommen.

c) Leerstellen

Bleibt ein besetzter Platz in der Idealstruktur leer, bezeichnet man die entstehende Konfiguration als *Leerstelle*. Die umgebenden Atome verlagern sich zum größten

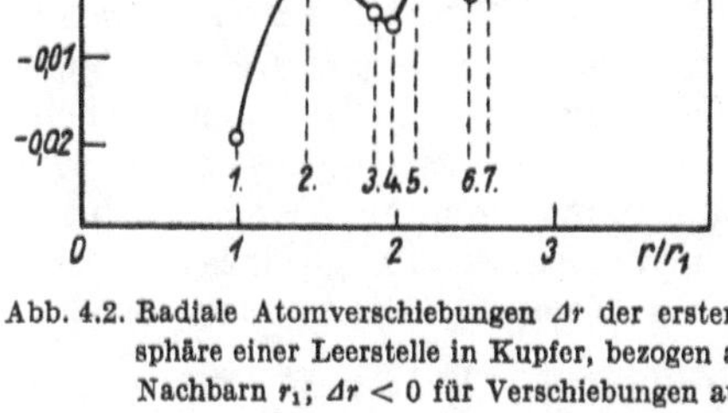

Abb. 4.2. Radiale Atomverschiebungen Δr der ersten bis siebenten Nachbarsphäre einer Leerstelle in Kupfer, bezogen auf den Abstand nächster Nachbarn r_1; $\Delta r < 0$ für Verschiebungen auf die Leerstelle zu (nach Rechnungen von ENGLERT, TOMPA und BULLOUGH).

Teil in Richtung des fehlbesetzten Gitterplatzes (vgl. Abb. 4.1b). Die quantitativen Verhältnisse sind am Beispiel einer Rechnung für Kupfer in Abb. 4.2 dargestellt. Auch hier ist die Symmetrie in der Umgebung des Defekts von der des idealen Kristalls verschieden. Ein Nachbaratom der Leerstelle im kubisch-flächenzentrierten Gitter besitzt z. B. nur *mm*2-Symmetrie (vgl. Tab. 7).

d) Zwischengitteratome

Wird ein Atom des Wirtkristalls (einschl. seiner Isotope) oder ein chemisch davon verschiedenes Atom in den Kristall eingelagert, ohne daß die Idealstruktur eine Besetzung des betreffenden Raumpunktes vorsieht, spricht man von einem *Zwischengitteratom* (*Eigen-* bzw. *Fremd-Zwischengitteratom*). Die Anordnung des „überzähligen“ Teilchens bestimmt sich aus der Wechselwirkung mit den Atomen des Wirtkristalles. Im allgemeinen werden symmetrische gegenüber unsymmetrischen Anordnungen bevorzugt sein. In Abb. 4.3 bildet das Zwi-

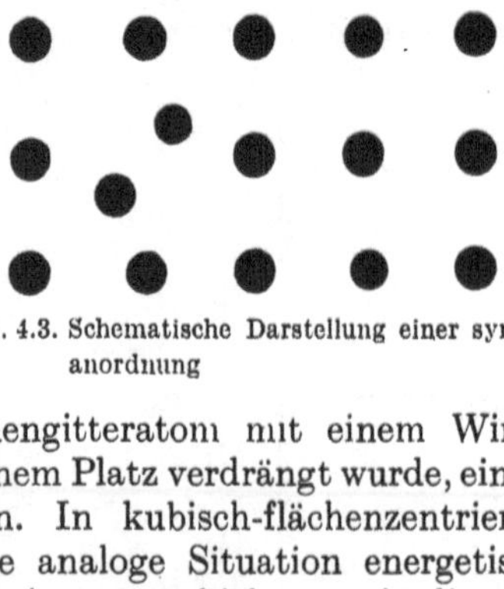

Abb. 4.3. Schematische Darstellung einer symmetrischen Zwischengitteratomanordnung

schengitteratom mit einem Wirtkristallatom, das von seinem Platz verdrängt wurde, eine sog. *Hantel*-Konfiguration. In kubisch-flächenzentrierten Kristallen scheint eine analoge Situation energetisch begünstigt zu sein. Die Atomverschiebungen in diesem Falle sind gemeinsam mit denen der höchstsymmetrischen Lage eines Zwischengitteratoms in Abb. 4.4 dargestellt. Die Punkt-Symmetrie am Ort des Defektes ist in Abb. 4.4a $\frac{4}{m}\,\bar{3}\,\frac{2}{m}$, seine nächsten Nachbarn besitzen dagegen nur die tetragonale $4mm$. In der Hantellage (Abb. 4.4b) hat der Defekt die Symmetrie $\frac{4}{m}\frac{2}{m}\frac{2}{m}$, die nächsten Nachbarn der Hantel in der Ebene senkrecht zur Hantelachse durch ihren Mittelpunkt weisen nur rhombische Symmetrie $mm2$ auf.

Eine weitere interessante, möglicherweise nur dynamisch stabile Teilchenanordnung vom Typ eines Zwischengitteratoms entsteht durch Einordnung des zusätzlichen Atoms in eine dichtgepackte Gittergerade, das *Crowdion* (vgl. Abb. 4.5). Es tritt sehr wahrscheinlich im Zusam-

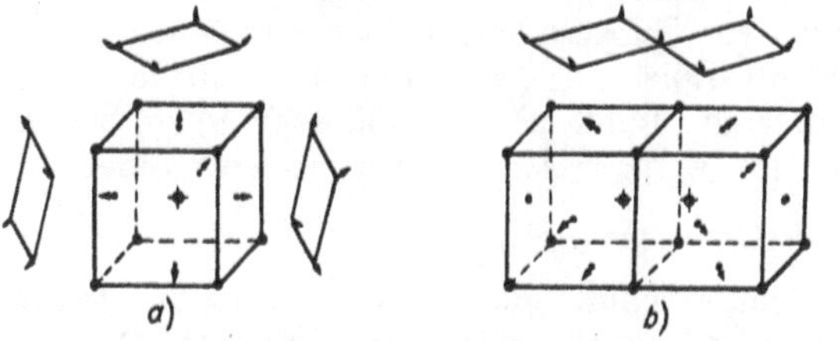

Abb. 4.4. Zwei mögliche Zwischengitteratomanordnungen im kubisch-flächenzentrierten Kristall. In (a) befindet sich das überzählige Atom in der Würfelmitte. Nachbaratome mit den Koordinaten $:\frac{1}{2}00:$ bezogen auf diese Lage werden um Vektoren $\langle \varepsilon/2\ 0\ 0\rangle$, die mit den Koordinaten $:1\frac{1}{2}0:$ um Vektoren $\left\langle \frac{\delta}{\sqrt{2}}\frac{\delta}{\sqrt{2}}0\right\rangle$ verschoben(durch Pfeile angedeutet). Die Parameter ε und δ sind potentialabhängig. Die Hantelkonfiguration (b) (durch zwei Kreuze markiert) ruft die ebenfalls eingezeichneten Verlagerungen hervor (nach HUNTINGTON).

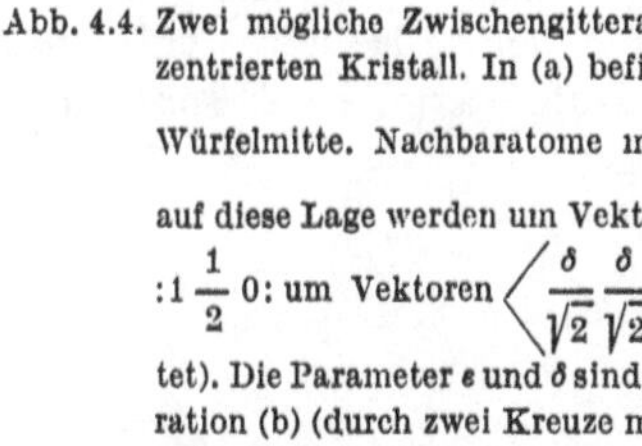

Abb. 4.5. Schematische Darstellung eines Crowdions

menhang mit Teilchenbestrahlung oder starker plastischer Verformung auf.

e) Kombinierte Störstellen

Isoliert[1]) auftretende Störungen vom Typ c) und d) bezeichnet man auch als SCHOTTKY-*Defekte* im Unterschied zu den sog. FRENKEL-*Defekten* (oder FRENKEL-*Paaren*). Bei letzteren handelt es sich um die räumlich benachbarte (wenige Atomabstände) Koexistenz eines Zwischengitteratoms und einer Leerstelle. Oberhalb eines kritischen Abstandes können derartige Kombinationen stabil sein. Weiterhin werden Kombinationen von Leerstellen (Doppel-, Dreifach-, ... Mehrfachleerstellen) beobachtet, die ebenfalls als Defektagglomerat einen gewissen Grad von Selbständigkeit erlangen können.

Obwohl prinzipiell noch sehr viel mehr Möglichkeiten vorhanden sind, Punktfehlerkombinationen zu bilden, sind nur sehr wenige bisher nachgewiesen worden.

4.1.2. *Elektronische Störstellen*

Elektronenüberschuß oder -mangel stört die Translationssymmetrie, wenn er lokalisiert auftritt. Daß die Störladung in der Regel an atomare Defekte (vgl. Abs. 4.1.1.) gekoppelt ist, soll hier als sekundäre Erscheinung angesehen werden.

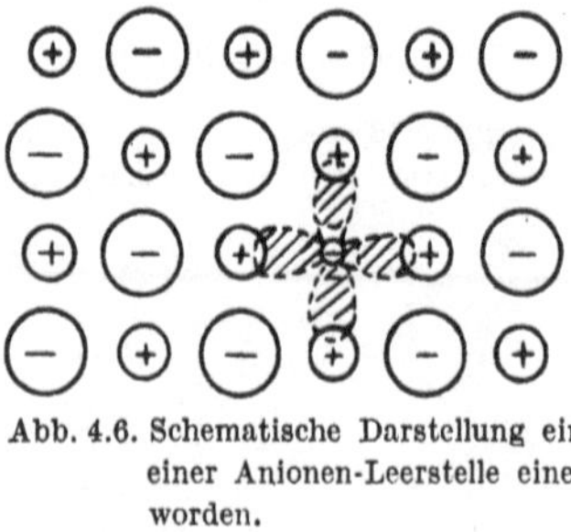

Abb. 4.6. Schematische Darstellung eines F-Zentrums. Ein Elektron ist von einer Anionen-Leerstelle eines Alkalihalogenid-Kristalls eingefangen worden.

[1]) Dabei hat man sich das fehlende bzw. überzählige Teilchen als an der Kristalloberfläche angelagert bzw. aus ihr entfernt vorzustellen.

Die am längsten bekannten Fehlstellen dieser Art gehören zu den *Farbzentren*, die ihren Namen von der auffälligen Absorption des Lichtes im sichtbaren Spektralbereich ableiten. Sie treten insbesondere in Alkali-Halogeniden auf. Das eigentliche *F-Zentrum* besteht aus einem Elektron, das in einer Halogen(—)-Leerstelle eingefangen ist. Wegen der Beimischung von *p*-Zuständen ist das Elektron nicht streng im Mittelpunkt der Leerstelle lokalisiert (vgl. Abb. 4.6).

Eine Vielzahl weiterer Zentren ist experimentell nachgewiesen. Auch positiver Ladungsüberschuß (*Elektronenloch*) kann die Ursache sein, wie z. B. im Falle des V_k-*Zentrums*, bei dem durch den Verlust eines Elektrons aus einem (Cl^-)-Anion ein neutrales (Cl)-Atom wurde.

Loch und Elektron treten auch gekoppelt als *Exciton* auf, wobei der Defekt, wie in Alkalihalogeniden, auch praktisch auf ein Atom konzentriert sein kann, durch dessen Anregung gleichzeitig Loch und Elektron erzeugt wurde.

4.1.3. Energetische Störungen

Alle Störungen der Translationssymmetrie kurzer Lebensdauer lassen sich als Anregungszustände klassifizieren. Dazu gehören Phononen, Plasmonen, Magnonen und eine Reihe weiterer kollektiver Anregungszustände, deren Besonderheit in der Kopplung lokalisierter Störungen der Kernanordnung, der Ladungsdichte, der magnetischen Momentanordnung usw. über den gesamten Kristall hinweg besteht. Sie werden oft auch neben den eigentlichen Gitterfehlern gesondert behandelt.

Die Untersuchungsobjekte der Festkörperphysik sind vielfältigen Strahlungen ausgesetzt, auf jeden Fall immer der Höhenstrahlung. Aber auch im Festkörper selbst können derartige Strahlungen entstehen. Im einzelnen unterscheidet man

a) Photonen: Quanten der elektromagnetischen Strahlung jeder Wellenlänge;

b) geladene Teilchen: Elektronen, Positronen, schnelle positive und negative Ionen, geladene Mesonen;

c) elektrisch neutrale Teilchen: Neutronen, neutrale Atome, neutrale Mesonen, Neutrinos.

Die entsprechenden Störungszustände beim Durchlaufen des Kristalls sind sehr komplex und in jedem Falle kurzlebig. Als Folge der Wechselwirkung mit dem Kristall entstehen in der Regel vielfältige Kristallbaufehler vom Typ der Abschn. 4.1.1., 4.1.2. und 4.2.

4.2. Eindimensionale Fehlordnung

Das schlechte Kristallgebiet erstrecke sich nur in einer Dimension über atomare Abstände hinaus (*linienhafte Fehlordnung*). Die Gesamtheit der entstehenden Störungen von Symmetrieeigenschaften läßt sich recht gut durch eine gedachte Schnittoperation übersehen, in deren Verlauf der eindimensional gestörte Kristall aus dem Idealkristall erzeugt wird.

Dazu werde der Kristall in der Gestalt von Abb. 4.7 längs der Fläche S aufgeschnitten, die beiden Ufer des Schnittes gegeneinander um den Vektor $\boldsymbol{U} = \boldsymbol{b} + \boldsymbol{\omega} \times \boldsymbol{r}$

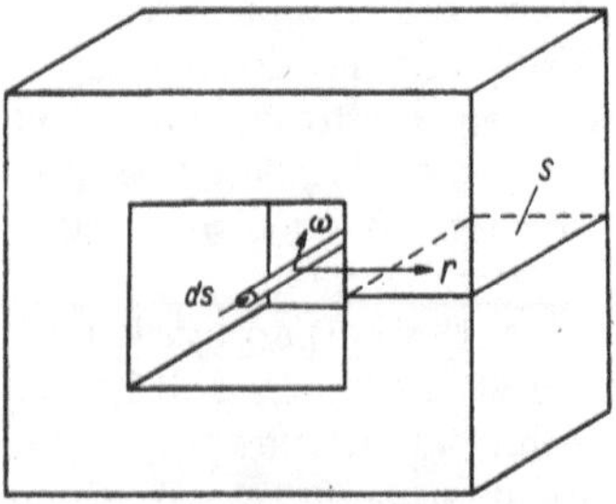

Abb. 4.7. Erzeugung linienhafter Kristallbaufehler durch einen ebenen Schnitt S, Verschiebung der Ufer gegeneinander und anschließende Wiederherstellung des kristallinen Zusammenhanges. Der Verlauf des Liniendefektes ist durch ds markiert.

verschoben und der Kristall anschließend wieder verschweißt, nachdem ggf. überschüssiges oder fehlendes Kristallgebiet entfernt oder hinzugefügt worden ist. Schließlich erhalte der Körper die Möglichkeit zu relaxieren. Der Kanal in Abb. 4.7 kann bis auf Durchmesser der Größenordnung 10^{-10} m geschrumpft gedacht werden. Sein Verlauf $\mathrm{d}\boldsymbol{s}$ im Kristall stellt den Ort des Liniendefekts dar. $\boldsymbol{b}$ ist ein Gittervektor, $\boldsymbol{\omega}$ eine Drehachse durch $\mathrm{d}\boldsymbol{s}$ und $\boldsymbol{r}$ ein Ortsvektor bezüglich $\boldsymbol{\omega}$ in der Schnittfläche.

Werden nur Störungen untersucht, die die Schnittflächen selbst unverformt lassen,[1] erhält man die sog. *Volterraschen Distorsionen* oder *Volterra-Versetzungen.*

4.2.1. *Kristallversetzungen*

Volterra-Versetzungen mit $\boldsymbol{\omega} = \boldsymbol{0}$ heißen *Volterra-Versetzungen erster Art*, *Kristallversetzungen* oder kurz *Versetzungen*. Sie können weiter in *vollständige* ($\boldsymbol{b} = n\boldsymbol{R}$, $n = 1, 2, 3 \ldots$) und *unvollständige* ($\boldsymbol{b} \neq n\boldsymbol{R}, n = 1, 2, 3 \ldots$) Versetzungen unterteilt werden, je nachdem, ob die Verschiebung der Schnittufer $\boldsymbol{U} = \boldsymbol{b}$ ein ganzzahliges Vielfaches des Bravais-Gitter-Vektors $\boldsymbol{R}$ in einer bestimmten Richtung beträgt oder nicht. $\boldsymbol{b}$ heißt der *Burgers-Vektor* der Versetzung.

Durch die Schnittoperation wird im Falle vollständiger Versetzungen die Translationssymmetrie außerhalb der in Abb. 4.7 ausgesparten Versetzungslinie nicht gestört[2]. Die Erfassung der Atomlagen bei Anwesenheit von Versetzung wird erleichtert, wenn man die Grenzfälle der sog. *Stufenversetzung* mit $\boldsymbol{b} \cdot \mathrm{d}\boldsymbol{s} = 0$ und der sog. *Schraubenversetzung* mit $\boldsymbol{b} \times \mathrm{d}\boldsymbol{s} = \boldsymbol{0}$ unterscheidet. Abb. 4.8

---

[1] Eine solche Beschränkung erfüllt die Forderung nach Stetigkeit aller Spannungskomponenten an der Schnittfläche und nach Eindeutigkeit der Spannungen im Inneren.

[2] Die erwähnte Relaxation hat allerdings eine leichte elastische Verzerrung der Atomlagen des gesamten Kristalls zur Folge, so daß diese Aussage nur näherungsweise richtig ist (vgl. auch Abb. 4.8).

zeigt schematisch die Anordnung der Gitterpunkte in der Ebene senkrecht zur Linie einer Stufenversetzung, Abb. 4.9 das gleiche in der Ebene einer Schraubenversetzungslinie.

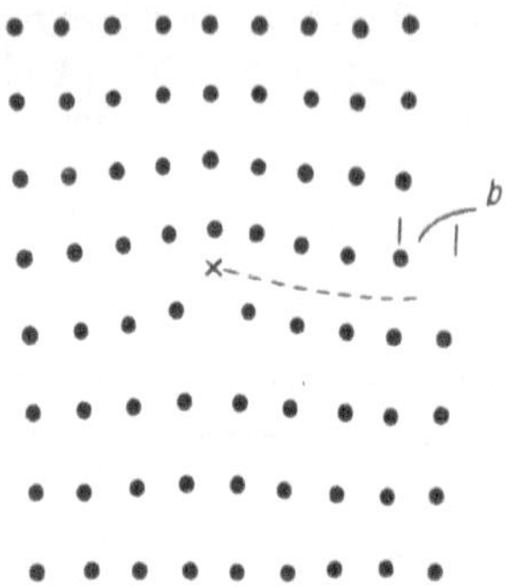

Abb. 4.8. Anordnung der Gitterpunkte in der Umgebung einer Stufenversetzungslinie (×), die durch Verschiebung der Ufer der Schnittebene (gestrichelt) um **b** erzeugt worden ist.

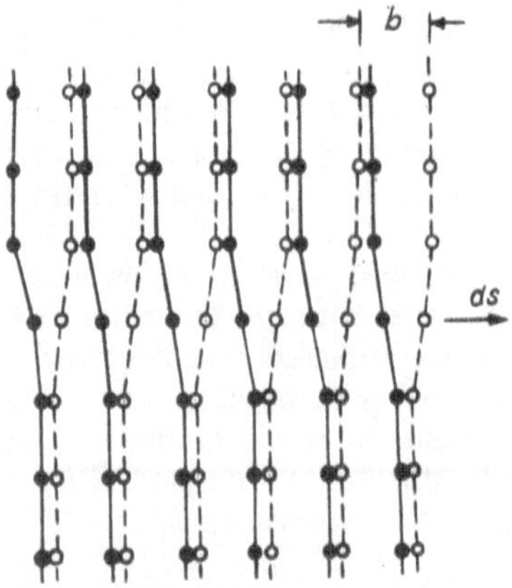

Abb. 4.9. Anordnung der Gitterpunkte in der Umgebung einer Schraubenversetzungslinie ds. Die gestrichelten Linien verbinden Punkte unterhalb der Schnittebene, die ausgezogenen solche oberhalb. Die geringen elastischen Verzerrungen kommen dadurch zum Ausdruck, daß gefüllte und leere Kreise nicht genau übereinander liegen.

In der Theorie der Versetzungen wird gezeigt, daß auch die zugehörige Atomanordnung mechanisch stabil sein kann.[1]) Für Einzelheiten sei auf die ausgezeichneten Darstellungen von COTTRELL (1964), FRIEDEL, HIRTH und LOTHE, NABARRO sowie von SEEGER verwiesen.

Parallel zur Versetzungslinie ist die Translationssymmetrie des Kristalls nicht gestört, wohl aber in den beiden verbleibenden Dimensionen. Eine gerade Stufenversetzung kann in günstigen Fällen eine Spiegelebene senkrecht zum BURGERS-Vektor durch die Versetzungslinie aufweisen, streng jedoch wieder nur im unendlichen Kristall. Durch eine gerade Schraubenversetzung kann das Kristallindividuum eine Schraubenachse parallel zur Versetzungslinie als zusätzliches Symmetrieelement erhalten.

Im Gegensatz zu den vollständigen Versetzungen können die unvollständigen durch eine Translation $\boldsymbol{b}$ beschrieben werden, die nicht ein ganzzahliges Vielfaches eines Gittervektors ist. Dadurch werden zusätzliche Störungen erzeugt, die als zweidimensionale Fehlordnung in 4.3. besprochen sind.

4.2.2. Disklinationen

VOLTERRA-Versetzungen mit $\boldsymbol{b} = 0$ werden als *Volterra-Versetzungen zweiter Art* oder *Disklinationen* bezeichnet. Während Versetzungen dadurch gekennzeichnet sind, daß ein Gittervektor längs eines Umlaufes um die Versetzungslinie eine Translation $\boldsymbol{b}$ erfährt, hat ein Umlauf um eine Disklination die Drehung $\boldsymbol{\omega} \times \boldsymbol{r}$ des Gittervektors zur Folge.

Analog zu den Versetzungen werden *vollständige Disklinationen* ($\boldsymbol{\omega} = (2n\pi/m)\boldsymbol{e}_D$, $n = 0, \pm 1, \ldots$) und *unvollständige* ($\boldsymbol{\omega} \neq (2n\pi/m)\boldsymbol{e}_D$) unterschieden, je nachdem ob die Verdrehung der Schnittufer um einen Winkel erfolgt, der ein ganzzahliges Vielfaches des Drehwinkels der zu $\boldsymbol{\omega}$

[1]) Versetzungen mit $\boldsymbol{b} = n\boldsymbol{R}$ $(n > 1)$ sind geometrisch möglich aber in der Regel nicht stabil.

parallelen m-zähligen Drehachse $\boldsymbol{e}_D$ entspricht oder nicht.

Vollständige Disklinationen enthalten als Grenzfälle *Dreh-* oder *Stufen-Disklinationen* mit $\boldsymbol{\omega} \cdot d\boldsymbol{s} = 0$ und *Keil-* oder *Schrauben-Disklinationen* mit $\boldsymbol{\omega} \times d\boldsymbol{s} = 0$.

In Abb. 4.10c ist ein Beispiel für eine Keildisklination in der Ebene senkrecht zur Disklinationslinie gegeben. Wegen der schwierigen Darstellung sei die Drehdisklination in Abb. 4.11 am dreidimensionalen Kristall der Abb. 4.7 erläutert. In beiden Fällen springen die starken Ver-

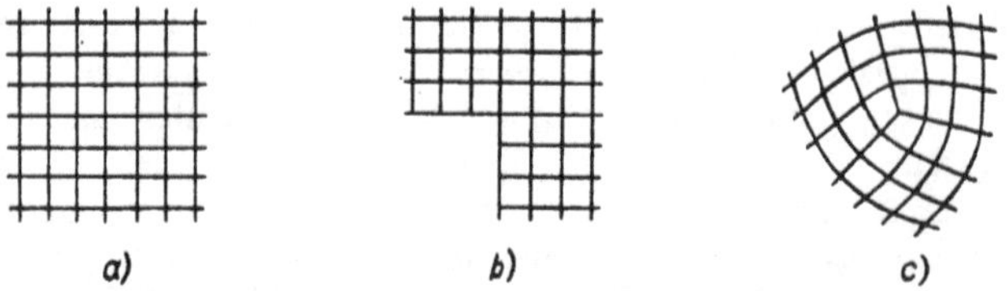

Abb. 4.10. Nach Aufschneiden eines quadratischen Gitters (a) und Entfernen eines Teils der Gitterpunkte (b) entsteht durch Verdrehung (und Zusammenfügung) der Schnittufer um $\frac{\pi}{2}$ eine positive Keildisklination im Zentrum der Figur (c), deren Endform nach Relaxation aller Teile des Kristalls erreicht wird. Sie ist vom Typ $\boldsymbol{\omega} = (\pi/2)\,\boldsymbol{e}_D$ mit $m = 4$ und $n = 1$. NABARRO verwendet dafür die Kurzbezeichnung $+1/4$.

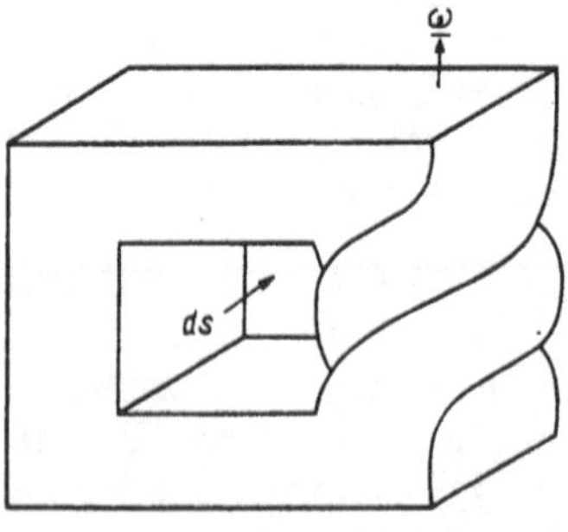

Abb. 4.11. Schematische Darstellung des Verzerrungszustandes einer Drehdisklination, die durch Verdrehung der Schnittufer S von Abb. 4.7 um π gegeneinander entsteht, wobei die Drehachse $\boldsymbol{\omega}$ senkrecht auf dem Linienelement $d\boldsymbol{s}$ steht.

zerrungen ins Auge. Für Einzelheiten und Anwendungen sei auf DE WIT, NABARRO und CHOU verwiesen.

Wie bereits bei der Besprechung unvollständiger Versetzungen angegeben, entstehen auch bei unvollständigen Disklinationen flächenhaft gestörte Bereiche, die in Abschn. 4.3.4 erläutert werden. Parallel zur Disklinationslinie bleibt die Translationssymmetrie erhalten. Wie auch aus Abb. 4.10 hervorgeht, können durch die Anwesenheit einer Disklination zusätzliche Symmetrieelemente im Kristall entstehen.

4.3. Zweidimensionale Fehlordnung

Zweidimensionale oder flächenhafte Fehlordnung liegt vor, wenn sich das schlechte Kristallgebiet in zwei Dimensionen über atomare Abstände hinaus erstreckt. Hinsichtlich ihrer kristallphysikalischen Natur unterscheidet man folgende Typen.

4.3.1. Freie Oberflächen

Alle realen Kristalle sind räumlich begrenzt und enthalten damit eine Störung der Translationssymmetrie

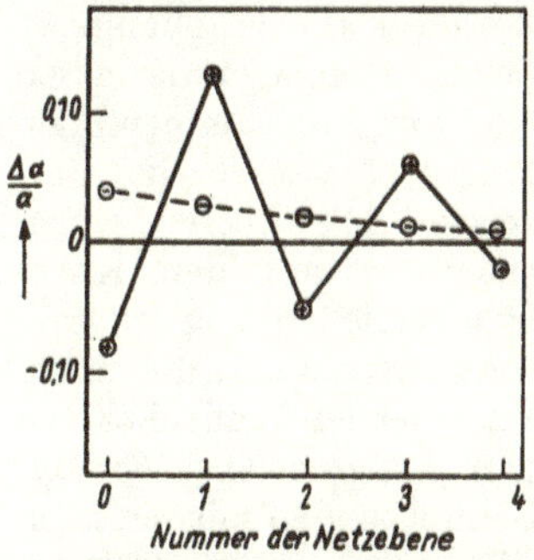

Abb. 4.12. Relative Atomverschiebungen $\Delta a/a$ (a oberflächenferne Gitterkonstante) der ersten 5 Netzebenen einer Kristalloberfläche parallel zu {100} in NaCl getrennt nach positiven (⊕) und negativen (⊖) Ionen. $\Delta a/a > 0$ bedeutet Verschiebung in Richtung der äußeren Normalen (nach Rechnungen von BENSON, FREEMAN und DEMPSEY).

genau an der Grenzfläche zum Vakuum. Darüber hinaus haben sich Symmetrieverletzungen in der Nachbarschaft der Grenzfläche, die ihrerseits in atomaren Dimensionen keineswegs eben ist, nachweisen lassen. Die zu erwartenden Atomverschiebungen sind am Beispiel des NaCl in Abb. 4.12 angegeben.

Durch Bedeckung der Oberfläche mit Fremdphasen verändern sich ihre Struktur und Eigenschaften. Grenzflächen zu festen Fremdphasen sind in Abs. 4.3.3. behandelt.

4.3.2. Korngrenzen

Zwei unterschiedlich orientierte[1]) Bereiche (Körner) gleicher Kristallstruktur können einen zusammenhängenden Körper bilden. Die Grenzfläche heißt *Korngrenze.* Ist der Orientierungsunterschied größer als ca. 4°, spricht man von *Großwinkel-*, anderenfalls von *Kleinwinkelkorngrenzen.* Zwischen den angrenzenden Körnern befindet sich keine dreidimensionale Schicht eigener Struktur. Vielmehr wird die Grenze offenbar von Atomen gebildet, die der Struktur eines oder beider Körner zugeordnet werden können. Bei bestimmten strukturabhängigen Orientierungsunterschieden können Atomlagen des einen mit denen des anderen Kornes exakt zusammenfallen (*Koinzidenzorientierung*). Abb. 4.13 illustriert die Verhältnisse für eine dichtgepackte (111)-Ebene, wobei 1/7 der Atome eine einheitliche Struktur bilden. Korngrenzen, die nicht einer Koinzidenzorientierung entsprechen, weisen nach Gleiter eine Struktur auf, die einem Gemisch von Atomgruppen der beiden benachbarten ausgezeichneten Orientierungen entsprechen (*Baueinheiten-Modell*). Für genauere Betrachtungen müssen noch Relaxationen der Atome in die Lagen minimaler freier Enthalpie berücksichtigt werden (vgl. Abb. 4.14).

---

[1]) Die Gitter der Körner können durch Drehung um ϑ miteinander zu Deckung gebracht werden.

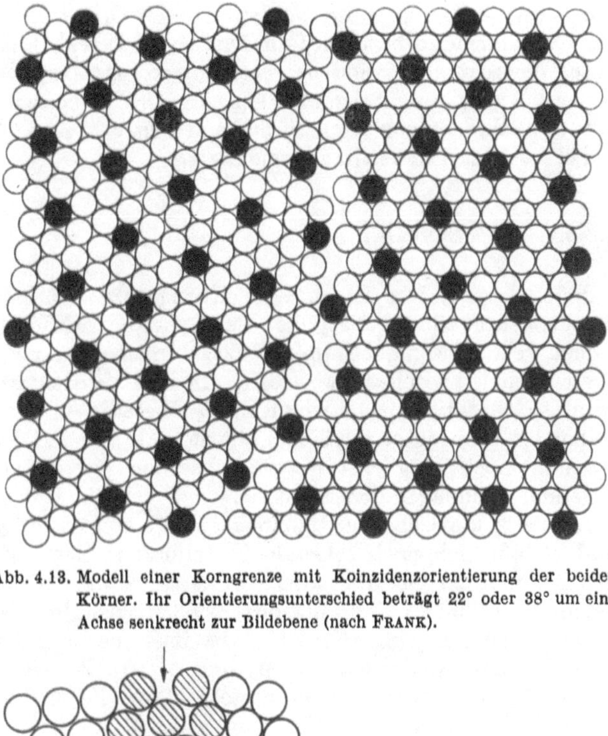

Abb. 4.13. Modell einer Korngrenze mit Koinzidenzorientierung der beiden Körner. Ihr Orientierungsunterschied beträgt 22° oder 38° um eine Achse senkrecht zur Bildebene (nach FRANK).

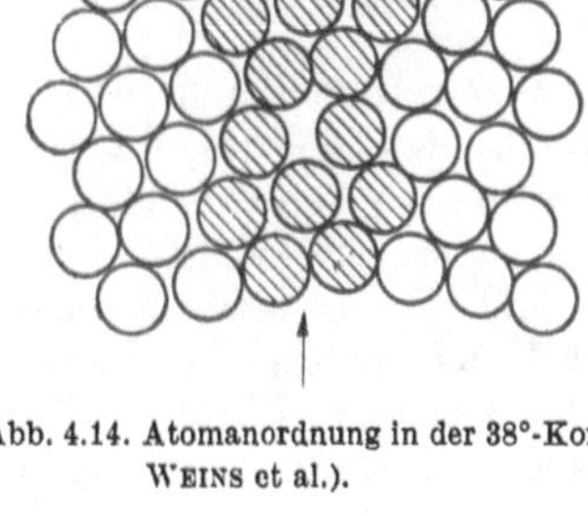

Abb. 4.14. Atomanordnung in der 38°-Korngrenze mit minimaler Energie (nach WEINS et al.).

Kleinwinkelkorngrenzen werden je nach Orientierung der Grenzfläche in bezug auf die Drehachse ϑ (vgl. Fußnote [1])) eingeteilt in erstens *reine Kippkorngrenzen* mit ϑ parallel zur Grenzfläche, zweitens *reine Drehkorngrenzen* mit ϑ senkrecht zur Grenzfläche und drittens *partielle Drehkorngrenzen* mit ϑ in allgemeiner Lage.

4.3.3. Phasengrenzen

Jede *Phasengrenze* ist zugleich Korngrenze für jede beteiligte kristalline Phase, über die atomare Struktur ist jedoch relativ wenig bekannt. Für zahlreiche derartige Grenzflächen zwischen zwei festen Phasen werden bestimmte Orientierungsbeziehungen der beteiligten Kristallgitter beobachtet (*Epitaxie*), die sich als Streben des Systems nach möglichst guter Anpassung gegenüberliegender Atomlagen deuten lassen.

Im Falle ideal ebener Grenzflächen zweier Phasen A und B läßt sich noch folgende Einteilung treffen. Die den Atomen der Oberfläche zugeordneten zweidimensionalen Gitter können die Form eines der *fünf ebenen Bravais-Gitter* annehmen (vgl. Abb. 4.15). Die Basisvektoren der angrenzenden Gitter seien $\boldsymbol{a}_1$, $\boldsymbol{a}_2$ und $\boldsymbol{b}_1$, $\boldsymbol{b}_2$. Zwischen beiden Koordinatensystemen bestehe über die Matrix $\{M_{ij}\}$ die Beziehung

$$\begin{pmatrix} \boldsymbol{a}_1 \\ \boldsymbol{a}_2 \end{pmatrix} = \{M_{ij}\} \begin{pmatrix} \boldsymbol{b}_1 \\ \boldsymbol{b}_2 \end{pmatrix}.$$

Für die Flächeninhalte der Elementarzellen muß dann die Relation $|\boldsymbol{a}_1 \times \boldsymbol{a}_2| = |\boldsymbol{b}_1 \times \boldsymbol{b}_2| \det \{M_{ij}\}$ erfüllt sein. Je nach dem Wert der Determinante unterscheiden wir drei Typen von Phasengrenzen: $\boldsymbol{\alpha}$) *einfache* oder *kohärente*, wenn $\det \{M_{ij}\}$ = ganze Zahl, $\boldsymbol{\beta}$) *Koinzidenzgrenzen*, wenn $\det \{M_{ij}\}$ = rationaler Bruch, und $\boldsymbol{\gamma}$) *inkohärente*, wenn $\det \{M_{ij}\}$ = irrationaler Bruch ist. Für $\boldsymbol{\alpha}$) und $\boldsymbol{\beta}$) kann die kleinste gemeinsame Elementarzelle $\boldsymbol{c}_1$, $\boldsymbol{s}_2$ der

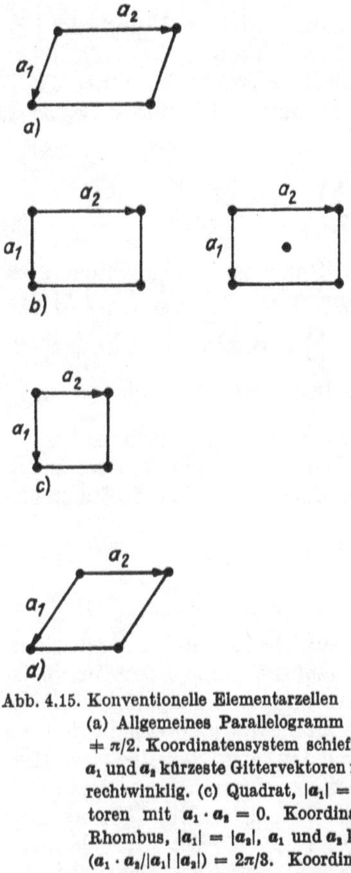

Abb. 4.15. Konventionelle Elementarzellen der 5 zweidimensionalen Gitter (a) Allgemeines Parallelogramm (Rhomboid), $|\boldsymbol{a}_1| \neq |\boldsymbol{a}_2|$, $\sphericalangle(\boldsymbol{a}_1, \boldsymbol{a}_2) \neq \pi/2$. Koordinatensystem schiefwinklig. (b) Rechtecke, $|\boldsymbol{a}_1| \neq |\boldsymbol{a}_2|$, $\boldsymbol{a}_1$ und $\boldsymbol{a}_2$ kürzeste Gittervektoren mit $\boldsymbol{a}_1 \cdot \boldsymbol{a}_2 = 0$, Koordinatensystem rechtwinklig. (c) Quadrat, $|\boldsymbol{a}_1| = |\boldsymbol{a}_2|$, $\boldsymbol{a}_1$ und $\boldsymbol{a}_2$ kürzeste Gittervektoren mit $\boldsymbol{a}_1 \cdot \boldsymbol{a}_2 = 0$. Koordinatensystem quadratisch, (d) 60°-Rhombus, $|\boldsymbol{a}_1| = |\boldsymbol{a}_2|$, $\boldsymbol{a}_1$ und $\boldsymbol{a}_2$ kürzeste Gittervektoren mit arc cos $(\boldsymbol{a}_1 \cdot \boldsymbol{a}_2/|\boldsymbol{a}_1|\,|\boldsymbol{a}_2|) = 2\pi/3$. Koordinatensystem hexagonal. Die vier untereinanderstehenden Gitter in (a) bis (d) sind primitiv und werden durch *p* bezeichnet. Das fünfte wird konventionell durch eine innenzentrierte Elementarzelle *c* dargestellt, um die Symmetrie gut zum Ausdruck zu bringen.

beiden ebenen Gitter aufgesucht werden. Die den Transformationen

$$\begin{pmatrix} \boldsymbol{c}_1 \\ \boldsymbol{c}_2 \end{pmatrix} = \{N_{ij}\} \begin{pmatrix} \boldsymbol{a}_1 \\ \boldsymbol{a}_2 \end{pmatrix} = \{P_{ij}\} \begin{pmatrix} \boldsymbol{b}_1 \\ \boldsymbol{b}_2 \end{pmatrix}$$

entsprechenden Determinanten det $\{N_{ij}\}$ und det $\{P_{ij}\}$ sind dann teilerfremde ganze Zahlen.

Es ist üblich geworden, eines der beiden Gitter, z. B. $\boldsymbol{b}_1, \boldsymbol{b}_2$, als Bezugssystem zu verwenden und $\boldsymbol{c}_1, \boldsymbol{c}_2$ so zu wählen, daß

$$\begin{pmatrix}\boldsymbol{c}_1\\\boldsymbol{c}_2\end{pmatrix} = \begin{pmatrix}\boldsymbol{a}_1\\\boldsymbol{a}_2\end{pmatrix} = \{P_{ij}\}\begin{pmatrix}\boldsymbol{b}_1\\\boldsymbol{b}_2\end{pmatrix}$$

gilt. Die Beziehung eines Gitters zum Bezugssystem $\boldsymbol{b}_1, \boldsymbol{b}_2$ wird durch ein Klammersymbol $(\sum_j P_{1j}^2 \times \sum_j P_{2j}^2)$ abgekürzt. Für $\{P_{ij}\} = \begin{pmatrix}1 & -1\\1 & 1\end{pmatrix}$ z. B. schreibt man $c(2\times 2)$, für $\{P_{ij}\} = \begin{pmatrix}1 & 0\\0 & 1\end{pmatrix}$ entsprechend $p(1\times 1)$, wobei p und c die in Abb. 4.15 verwendete Bedeutung besitzen.

Für eine ausführliche Darstellung der geometrischen Theorie kristalliner Grenzflächen muß auf BOLLMANN verwiesen werden.

4.3.4. *Stapelfehler*

Jeder Kristall läßt sich aufgebaut denken durch Übereinanderstapelung von Netzebenen. Ein Strukturtyp ist dann durch Stapelebenen und die Stapelfolge dieser Ebenen definiert. Abweichungen hiervon führen zu flächenhaft gestörten Bereichen, sog. *Stapelfehlern.* Hier ist die Vielfalt der Erscheinungsformen besonders groß. Wir beschränken uns auf Beispiele. Den Unterschied zwischen *geometrischen* und *chemischen* Stapelfehlern illustriert Abb. 4.16. Wenn Stapelfehler nicht auf der Kristalloberfläche enden, werden sie von unvollständigen Versetzungen begrenzt.

Als einen Sonderfall kann man den *Zwillingsstapelfehler* ansehen. Bei ihm besteht zwischen fehlgestapelten und rechtgestapelten Schichten die Orientierungsbeziehung iner der folgenden vier Typen :

1. Spiegelung an der Stapelfehlerebene,

2. 180°-Drehung um eine Richtung in dieser Ebene,
3. Spiegelung an der Ebene senkrecht zur Richtung 2.,
4. 180°-Drehung um die Normale der Stapelfehlerebene.

Dabei muß die Grenzfläche der verzwillingten Bereiche nicht mit der Stapelfehlerebene zusammenfallen. Im Kristall endende Zwillingsebenen werden durch unvoll-

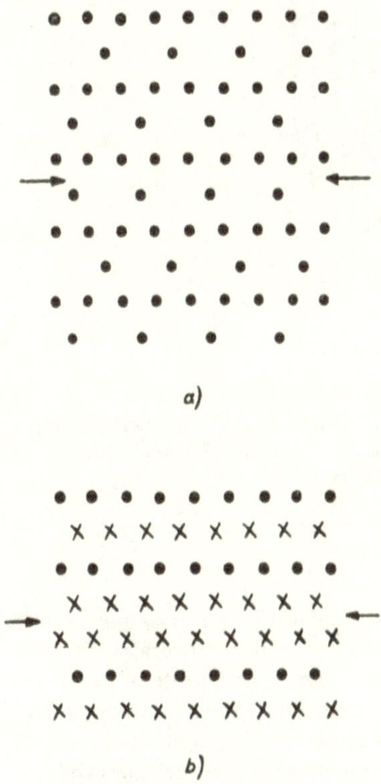

Abb. 4.16. Schematische Darstellung eines (a) geometrischen und (b) chemischen Stapelfehlers. Stapelfehlerebene jeweils durch Pfeile markiert. In der Regel erstreckt sich ein Stapelfehler nicht durch den gesamten Kristall.

ständige Disklinationen (vgl. Abs. 4.2.2.) begrenzt. Abb. 4.17 enthält ein Beispiel.

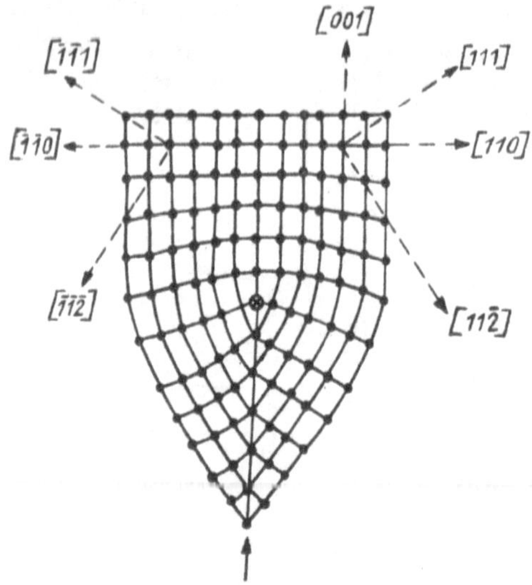

Abb. 4.17. Zwillingsstapelfehler (Pfeil) im kubisch-flächenzentrierten Gitter, der von einer positiven unvollständigen Keildisklination (⊗) begrenzt wird (nach DE WIT 1972).

4.3.5. *Antiphasengrenzen*

In ungestörten mehrkomponentigen Kristallen besetzt jede Atomsorte Lagen, die zu einer Unterstruktur zusammengefaßt werden können. Vornehmlich in Legierungssystemen werden innerhalb eines Kristallindividuums dreidimensionale Bereiche beobachtet, in denen die Besetzung der Unterstrukturen vertauscht ist. Gebiete einheitlicher Besetzung heißen *Domänen*. Die Kontaktfläche zweier Domänen stellt eine zweidimensionale Störung der Translationssymmetrie dar und wird als *Antiphasengrenze* bezeichnet.

Antiphasengrenzen sind entweder geschlossene Flächen oder werden von unvollständigen Versetzungen[1]) begrenzt. Abb. 4.18 enthält eine schematische Darstellung für eine zweiatomige Struktur. Ein hoher Volumen-Anteil dieser Grenzflächen bedeutet niedrigen Grad der Fernordnung.

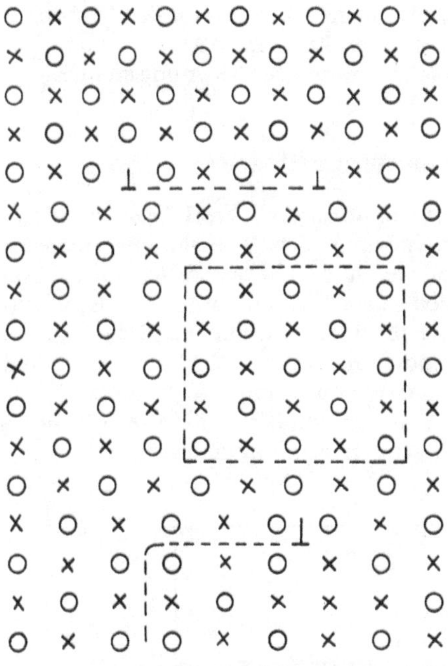

Abb. 4.18. Schematische Darstellung von Antiphasengrenzen (gestrichelt) in einer zweiatomigen Struktur. Sie sind teilweise durch unvollständige Versetzungen (⊥) begrenzt (nach MARCINKOWSKI).

---

[1]) Die zugehörigen vollständigen Versetzungen tragen wegen einiger spezieller Eigenschaften den besonderen Namen *Überstrukturversetzungen*, obwohl sie geometrisch der üblichen Definition in Abs. 4.2.1. gehorchen. Die beiden unvollständigen Versetzungen in der oberen Bildhälfte von Abb. 4.18 bilden gemeinsam eine Überstrukturversetzung.

4.4. Dreidimensionale Fehlordnung

Gelegentlich werden auch dreidimensionale Störungen mit in die Systematik aufgenommen, obwohl man diese vom atomistischen Standpunkt auf die bereits besprochenen und neue Phasen zurückführen kann.

Die wichtigsten damit erfaßbaren Phänomene sind *Seigerungen*, d. h. räumliche Gebilde von der Umgebung abweichender chemischer Zusammensetzung und dreidimensionale Bereiche veränderten Ordnungsgrades.

4.5. Struktur amorpher Festkörper

Die Atomanordnung *amorpher* Festkörper kann als Grenzfall starker Störung der Translationssymmetrie angesehen werden. Sie ist durch das *Fehlen jeder Fernordnung*, d. h. periodischen Wiederholung eines Strukturmotivs (vgl. 1.1.1.) in einer bestimmten Richtung, gekennzeichnet. BRAGG-Reflexe (vgl. 1.2.4.2.) werden nicht beobachtet. Dagegen existiert eine *Nahordnung*, d. h. Korrelation benachbarter Atomlagen, die für größere als zwischenatomare Abstände rasch abklingt.

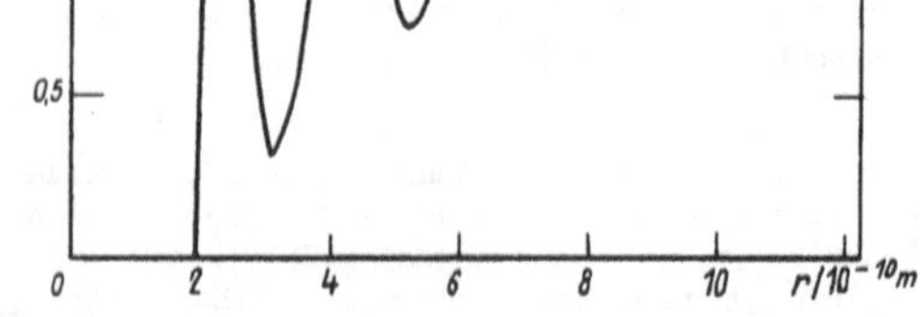

Abb. 4.19. Radialverteilungsfunktion $\varrho(r)$ von amorphem $Ni_{76}P_{24}$ nach CARGILL

Zur quantitativen Charakterisierung der mittleren Umgebung eines Teilchens bedient man sich der *Radialverteilungsfunktion* $\varrho(r) = N/4\pi r^2 \varrho_0 \delta r$, wo N die Zahl der sich im Abstand r von ihm im Volumenelement $4\pi r^2 \delta r$ befindlichen Teilchen und ϱ_0 die mittlere Teilchendichte des Systems bedeuten. Das erste Maximum von $\varrho(r)$ liegt bei etwa $r \approx 1$ Atomdurchmesser, die Maxima klingen mit zunehmendem r stark ab (vgl. Abb. 4.19).

Für die Darstellung der räumlichen Struktur wird eine idealisierte amorphe Bezugs-Struktur als Beschreibungsgrundlage gewählt, die nach Bernal in der *ungeordneten dichten Packung* (UDP) starrer Kugeln besteht. Die UDP

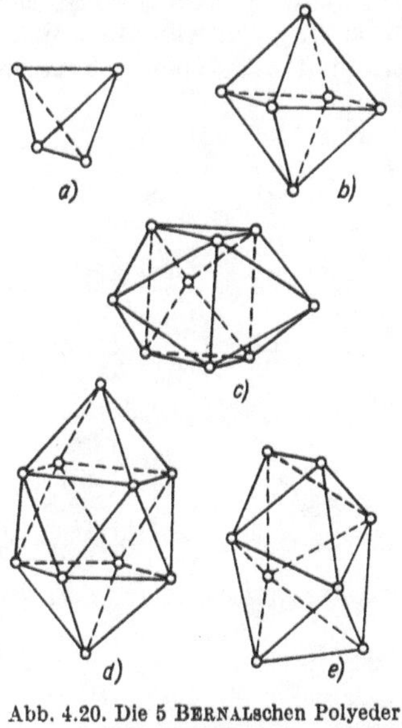

Abb. 4.20. Die 5 Bernalschen Polyeder zur Beschreibung der Atomanordnung amorpher Festkörper auf der Grundlage der ungeordneten dichten Packung (UDP) starrer Kugeln. (a) Tetraeder, (b) Oktaeder, (c) durch drei Halboktaeder abgeschlossenes trigonales Prisma, (d) durch zwei Halboktaeder abgeschlossenes Archimedisches Antiprisma, (e) tetragonales Dodekaeder (nach Polk).

läßt sich durch eine begrenzte Zahl von Polyedern beschreiben, in deren Ecken Atome sitzen, deren Kantenlängen aber im Gegensatz zu Abschn. **3.3.3.** i. allg. etwas größer als der zweifache Radius des Harte-Kugel-Modells sind (maximal 15% größer).

Die fünf BERNALschen Polyeder, die zur Beschreibung einer UDP benötigt werden, sind in Abb. 4.20 gezeigt. Um sämtliche auftretenden Atomanordnungen beschreiben zu können, muß man kleine Verzerrungen dieser Polyeder zulassen.

Die Zahl der Lücken pro Atomlage beträgt in der UDP 3,38. In der dichtesten Kugelpackung kristalliner Strukturen treten dagegen nur 3 Lücken/Atom auf.

Die amorphe Struktur kann damit näherungsweise als UDP von Polyedereckatomen beschrieben werden, wobei ggf. in die Lücken noch weitere (i. allg. chemisch verschiedene) Atome eingelagert sind.

Literaturhinweise

Neben den im Text zitierten Arbeiten sind auch Hinweise für weiterführende Studien enthalten.

BENSON, G. C., P. I. FREEMAN und E. DEMPSEY, Advan. Chem. Ser., Vol. 33, Am. Chem. Soc. (1961), S. 26.

BERNAL, J. D., Nature **185**, 68 (1960).

BHAGAVANTAM, S., Crystal symmetry and physical properties, N. Y. 1966.

BIRSS, R. R., Symmetry and magnetism, Amsterdam 1964.

BOLLMANN, W., Crystal Defects and Crystalline Interfaces, Springer-Verlag Berlin 1970.

BOWEN, N. L., The Evolution of the Igneous Rocks, Dover 1956.

BRAUER, W., Einführung in die Elektronentheorie der Metalle, Leipzig 1972.

BRAVAIS, A., Memoires sur les polyèdres de forme symétrique, Journ. de math. **14** (1849), s. auch Ostwald's Klassiker der exakten Naturwissenschaften **17** (1890).

BRAVAIS, A., Mémoires sur les systèmes formés par des points distribués regulièrement sur un plan ou dans l'éspace, Journ. de l'Ecole polytechnique T. 19 XXXIIIe cahier, p. 1—128, Paris 1850; s. auch Ostwald's Klassiker der exakten Naturwissenschaften **90** (1897).

BRAVAIS, A., Études cristallographiques, Journ. de l'Ecole polytechnique, T. 19, XXXIVe cahier, (1851) Paris.

BRUNNER, G. O., F. LAVES, Wiss. Zeitschrift der TU Dresden **20**, 387 (1971).

BUERGER, M. J., Elementary Crystallography, J. Wiley 1956.

BURCKHARDT, J. J., Die Bewegungsgruppen der Kristallographie, 2. Aufl. Basel 1966.

CARGILL III, G. S., J. Applied Physics **41**, 1 (1970).

CHOU, T.-W., Theory of Disclination, University of Delaware, Newark, Delaware, Techn. Rep. No. 150, April 1972.

COTTRELL, A. H., Theory of Crystal Dislocations, Gordon and Breach, N. Y. (1964).

COTTRELL, A. H., An Introduction to Metallurgy, London 1967.

DONNAY, J. D. H., E. HELLNER, A. NIGGLI, Z. f. Kristallographie **120**, 364 (1964).

DONNAY, J. D. H., E. HELLNER, A. NIGGLI, Z. f. Kristallographie **123**, 255 (1966).

DORAIN, P. B., Symmetrie und anorganische Strukturchemie, Akademie-Verlag, Berlin 1972.

ELLIOTT, R. P., Constitution of Binary Alloys, McGraw Hill 1965.

ENGLERT, A., H. TOMPA und R. BULLOUGH, in: Fundamental Aspects of Dislocation Theory, J. A. SIMMONS, R. DE WIT and R. BULLOUGH, Eds. (Nat. Bur. Stand. (U. S.), Spec. Publ. 317, I, 1970), S. 273.

EWALD, P. P., Z. f. Kristallographie **56**, 129 (1921).

FISCHER, E., Einführung in die geometrische Kristallographie, Berlin 1956.

FRANK, F. C., zitiert in: K. T. AUST, B. CHALMERS, Metallurg. Trans. 1 (1970) 1095.

FRANK, F. C., J. S. KASPER, Acta Crystallographica **11**, 184 (1958).

FRIEDEL, J., Dislocations, Pergamon Press, Oxford 1964.

GAY, R., Cours de cristallographie, Paris, T. 2. Cristallographie physico-chimique 1959; T. 3. Radiocristallographie théorique 1961.

GLEITER, H., Phys. Blätter **28**, 201 (1972).

GOLDSCHMIDT, H. J., Interstitial Alloys, Butterworths 1967.

Handbuch der Physik, herausgeg. von S. FLÜGGE, Bd. 7 (1955) Kristallphysik I, Bd. 32 (1957) Strukturforschung.

HANSEN, M., K. ANDERKO, Constitution of Binary Alloys, McGraw Hill 1958.

HALLA, F., Kristallchemie und Kristallphysik metallischer Werkstoffe, 3. Aufl., Leipzig 1957.

HELLNER, E., Acty cryst. **19**, 703 (1965).

HERMANN, C., in: Internationale Tabellen zur Bestimmung von Kristallstrukturen, Bd. 1, 1935, Gebr. Borntraeger, Berlin.

HILTON, H. M., Mathematical crystallography and the theory of groups of movements, N. Y. 1963.

HIRTH, J. P., und J. LOTHE, Theory of Dislocations, McGraw Hill Book Co., N. Y. (1968).

HUNTINGTON, H. B., Phys. Rev. **91**, 1092 (1953).

Internationale Tabellen zur Bestimmung von Kristallstrukturen, Bd. 1 Gruppentheoretische Tafeln, Bd. 2 Mathematische und physikalische Tafeln, Gebr. Borntraeger, Berlin 1935.

International Tables for X-Ray Crystallography, Vol. I Symmetry Groups, ed. by N. F. M. HENRY and K. LONSDALE, the Kynoch Press, Birmingham 1952; Vol. II Mathematical Tables, ed. by J. S. KASPER and K. LONSDALE, 1959; Vol. III Physical and Chemical Tables ed. by. C. H. MACGILLAVRY and G. D. RIECK, 1962.

JAMES, R. W., The Optical Principles of the Diffraction of X-Rays, London 1958.

JOHARI, O., G. THOMAS, The Stereographic Projection and Its Applications, Interscience Publ. 1969.

DE JONG, W. F., J. BOUMAN, Kompendium der Kristallkunde, Springer-Verlag 1959.

KASPER, J. S., in: Theory of Alloy Phases, Am. Soc. for Metals, Cleveland, Ohio, 1956.

KELLER, O.-H., Analytische Geometrie und lineare Algebra, Berlin 1957.

KLEBER, W., Angewandte Gitterphysik, 3. Aufl., Berlin 1960.

KLEBER, W., Kristallchemie, Leipzig 1963.

KLEBER, W., K. MEYER, W. SCHOENBORN, Einführung in die Kristallphysik, Akademie-Verlag, Berlin 1968.

KOPZIK, V. A., Shubnikovskije gruppy, Izd. Moskovskogo universiteta 1966.

LANDOLT-BÖRNSTEIN, Zahlenwerte und Funktionen, Springer-Verlag, 6. Aufl., Bd. I, Teil 4 (1955); Neue Serie, Gruppe III, Bd. 6 (1971).

LAVES, F., Z. f. Kristallographie **73**, 202, 275 (1930).

LEHMANN, G., Struktur der Materie, Lehrbriefe 1 bis 3, Verl. Technik Berlin 1969.

LEIBFRIED, G., Bestrahlungseffekte in Festkörpern, Stuttgart 1965.

LEVIN, E. M., C. R. ROBINS, H. F. MCMURDIE, Phase Diagrams for Ceramists, Am. Ceram. Soc., Columbus, Ohio 1964.

LIPSON, H., W. COCHRAN, The Crystalline State, The Determination of Crystal Structures, London 1966.

LUDWIG, W., Festkörperphysik, Akad. Verlagsgesellschaft Frankfurt/M. 1970.

MASSALSKI, T. B., in: Physical Metallurgy, ed. by. R. W. CAHN, 2nd ed., Amsterdam 1970, S. 175.

MARCINKOWSKI, M. J., Electron Microscopy and Strength of Crystals, John Wiley, N. Y., 1963, S. 333.

MARCINKOWSKI, M. J., und K. SADANANDA, phys. stat. sol. (a) **18**, 361 (1973).

MARCINKOWSKI, M. J., K. SADANANDA und WEN FENG TSENG, phys. stat. sol. (a) **17**, 423 (1973).

NABARRO, F. R. N., Theory of Crystal Dislocations, Oxford Univ. Press, 1967.

NIGGLI, A., Schweiz. Min. Petr. Mitt. **43**, 49 (1963).

NIGGLI, P., Geometrische Kristallographie des Diskontinuums, Leipzig, Bebr. Borntraeger 1919.

NUSSBAUM, A., Applied group theory, Prentice-Hall, Inc., 1971.

PEARSON, W. B., A Handbook of Lattice Spacings and Structures of Metals and Alloys, Pergamon (1958); Vol. II (1967).

PHILLIPS, F. C., An Introduction to Crystallography, Longmans, Green & Co., London 1949.

POLK, D. E., Acta Metallurgica **20**, 485 (1972).

QUÉRÉ, Y., Défauts ponctuels dans les métaux, Masson et Cie, Paris 1967.

RAAZ, F., H. TERTSCH, Einführung in die geometrische und physikalische Kristallographie, Springer-Verlag 1958.

SCHULZE, G. E. R., Z. phys. Chemie **45**, 849 (1939).

SCHULZE, G. E. R., Physik der Röntgenstrahlen, Lehrbriefe TH Dresden, 1957.

SCHULZE, G. E. R. Metallphysik, Akademie-Verlag, Berlin 1974.

SEEGER, A., in: Handbuch der Physik VII/1, herausgeg. von S. FLÜGGE, Springer-Verlag, Berlin 1955.

SHUBNIKOV, A. V., V. A. KOPZIK, Symetriya v nauke i iskusstve, Moskva 1972.

SIROTA, N. N., Fiziko-chimiceskaya priroda faz peremennogo sostava, Minsk 1970.

SMITHELLS, C. J., Metals Reference Book, 3rd ed., Vol. I, Butterworth 1962.

Strukturbericht 1913—1939, Akad. Verlagsgesellschaft Leipzig 1931—1943.

Structure Reports 1940ff., ed. by. A. J. C. WILSON, Utrecht 1956ff.

WEINS, M., B. CHALMERS, H. GLEITER und M. F. ASHBY, Scripta Met. **3**, 60 (1969).

WELLS, A. F., in: Solid State Physics, ed. by. F. SEITZ and D. TURNBULL, Vol. 7, AP 1958.

WINKLER, H. G. F., Struktur und Eigenschaften der Kristalle, Springer-Verlag 1955.

DE WIT, R., in: Fundamental Aspects of Dislocation Theory, J. A. SIMMONS, R. DE WIT, and R. BULLOUGH, Eds. (Nat. Bur. Stand. (U. S.), Spec. Publ. 317, I, 1970), S. 651.

de Wit, R., J. Phys. C: Solid State Phys. 5, 529 (1972).

Wyckoff, R. W. G., Crystal Structures 2nd ed., Vol. 1 (1963), Vol. 2 (1964), Vol. 3 (1965), Vol. 4 (1968), Vol. 5 (1968), Vol. 6 (1969), Interscience Publ.

Quellennachweis zu den Abbildungen

Abb. 1.1: R. W. G. Wyckoff, s. Literaturverzeichnis.
Abb. 1.8: W. Ludwig, s. Literaturverzeichnis, dort Fig. 13 in Bd. 1.
Abb. 2.7.: O. Johari, G. Thomas, s. Literaturverzeichnis.
Abb. 3.5: G. E. R. Schulze, Abh. Sächs. Akad. Wiss. Lzg., Math. nat. Kl. 48, Heft 4, Akademie-Verl. Berlin 1963, Abb. 5.
Abb. 3.5A: wie Abb. 3.12, dort Fig. 125.
Abb. 3.6: wie Abb. 3.16, dort Abb. 4.1.
Abb. 3.7: wie Abb. 1.1.
Abb. 3.8: (a) R. W. Cahn, Physical Metallurgy, North Holland P. C., 2nd ed. 1970, S. 49, Fig. 3a.
(b), (c) C. S. Barrett, T. B. Massalski, Structure of Metals, McGraw Hill 3rd ed. 1966, Fig. 10—6.
Abb. 3.9: (a) wie Abb. 3.8 (a), dort S. 53, Fig. 5a.
(b), (c) wie Abb. 3.8 (b), (c), dort Fig. 10—8.
Abb. 3.10: (a) wie Abb. 3.8 (a), dort S. 51, Fig. 4a.
(b), (c) wie Abb. 3.8 (b), (c), dort Fig. 10—7.
Abb. 3.11: (a) wie Abb. 3.8 (a), dort S. 53, Fig. 5b.
(b), (c) W. Bollmann, s. Literaturverzeichnis, dort Fig. 3.2/2a und b.
Abb. 3.12: G. Leibfried, s. Literaturverzeichnis, dort Fig. 167.
Abb. 3.14: N. N. Sirota, s. Literaturverzeichnis, dort Fig. 19.
Abb. 3.15: wie Abb. 3.14, dort Fig. 18.
Abb. 3.16: W. Kleber, (1963), s. Literaturverzeichnis, dort Abb. 3.14.
Abb. 3.17: wie Abb. 3.8 (b), (c), dort Fig. 10—19.
Abb. 3.18: Landolt-Börnstein, Zahlenwerte und Funktionen, Springer Verlag 1955, 6. Aufl., Bd. I, Teil 4.
Abb. 3.19: wie Abb. 3.8 (b), (c), dort Fig. 10—23.
Abb. 4.4: Y. Quéré, s. Literaturverzeichnis.
Abb. 4.7.: F. R. N. Nabarro, s. Literaturverzeichnis.
Abb. 4.13: K. T. Aust, B. Chalmers, Metallurgical Transactions 1, 1095 (1970).
Abb. 4.14: H. Gleiter, s. Literaturverzeichnis.
Abb. 4.17: R. de Wit, (1972), s. Literaturverzeichnis.
Abb. 4.19: G. S. Cargill III, s. Literaturverzeichnis.
Abb. 4.20: D. E. Polk, s. Literaturverzeichnis.

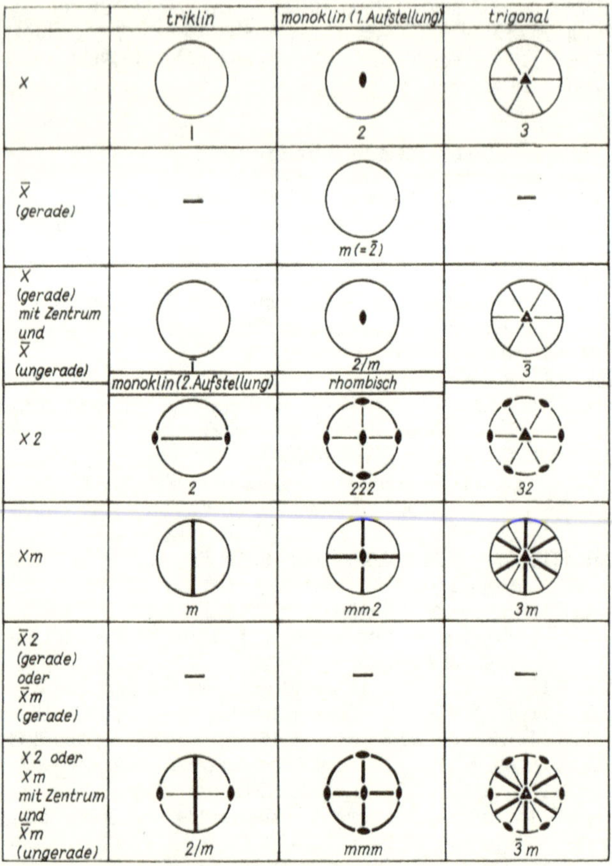

Abb. 2.9 A. Stereographische Projektionen der 32 Punktgruppen

hexagonal	tetragonal	kubisch	
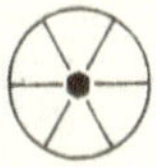 6	 4	 23	X
 $\bar{6}$	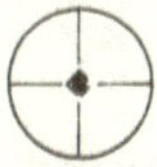 $\bar{4}$	—	$\bar{X}$ (gerade)
 6/m	 4/m	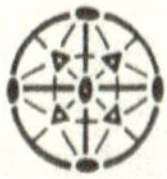 m3	X (gerade) mit Zentrum und $\bar{X}$ (ungerade)
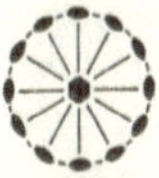 622	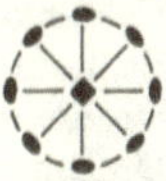 422	 432	$X2$
 6mm	 4mm	—	Xm
 $\bar{6}m2$	 $\bar{4}2m$	 $\bar{4}3m$	$\bar{X}2$ (gerade) oder $\bar{X}m$ (gerade)
 6/mmm	 4/mmm	 m3m	$X2$ oder Xm mit Zentrum und $\bar{X}m$ (ungerade)

Sachverzeichnis

Achsenabschnitte von Netzebenen 29
Achsenwinkel 13, 36
(8-N)-Regel 110
Antiphasengrenzen 146
Antisymmetrieelement 67, 80
Äquivalentlagen 86
ASTM (American Society for Testing Materials) 109
Atomformamplitude 44
Atomradius 105
Atomvolumen, effektives 102
Auslöschungsregeln 45

Basis 9, 47
Basisvektor 15
Belegungsdichte von Netzebenen 40
Bauverbände 123
Bauzusammenhang 123
Bindungsstärke 97
BLOCH-Funktion 45
BRAGG-Reflex 41
BRAGGsche Bedingung 42
BRAVAIS-Gitter 45, 84
—, ebenes 142
BRILLOUIN-Zonen 22, 45
BURGERS-Vektor 135

Crowdion 131
Cu-Typ 112

Darstellung eines Gitterkomplexes 87
Diamanttyp 118
Disklination 137, 146
Domäne 146
Drehachse 57
Drehinversion 60
Drehinversionsachse 60
Drehmatrix 57
Drehspieglung 62
dreidimensionale Fehlordnung 148

Eigenkoordination 99
eindimensionale Fehlordnung 134
Einlagerungsmischkristalle 123
Einlagerungsverbindungen 123
Elektronenloch 133
Elementarzelle 11
—, primitive 15
Elementarzellenvolumen 15, 35
enantiomorph 60
Epitaxie 142
EULERscher Satz 95
EWALDsche Konstruktion 43
Exciton 133

Farbsymmetrie 67
Farbzentren 133
Form kristallographischer Richtungen 26
FOURIER-Koeffizient 41

FOURIER-Reihe 40
freie Oberflächen 139
Fremdatom 128
FRENKEL-Defekt 132

Gitter 9
Gitter, hexagonales 12
Gitterebene 23
Gitterfehler 127
Gittergerade 24, 49
Gitterkomplex 86
Gitterkonstante 15
Gitterpunkt 10, 11, 15
Gitterpunktdichte 13, 15, 35
Gittervektor s. Vektor 10
Gleitspiegelebene 65

Habitus 8
Hantelkonfiguration 130
HEESCH-SCHUBNIKOV-Klassen 80
HERMANN-MAUGUIN-Symbole 59, 74
Homöotypen 109

Idealstruktur 8
Indizes einer Gittergeraden 25
Indizes von Netzebenen 28, 29, 30
Inferferenz am Kristallgitter 41
internationale Tabellen 125
Inversionsachse s. Drehinversionsachse
Ionenradius 105
Isotopenersetzung 128

JAHN-TELLER-Theorem 129
JONES-Zone 47

Kalottenmodell 107
Kanal 116
KASPER-Polyeder 99
Koinzidenzorientierung 140
Kombination von Symmetrieelementen 71
Koordinatentransformation 53
Koordinationspolyeder 93
Koordinationszahl 99
Koordinationszahl, effektive 100
Kopplung von Symmetrieelementen 60
Korngrenzen 140
Kristall 8
Kristallfeld 129
Kristallgitter 8
Kristallklasse 71
Kristallstruktur 8, 85
Kristallsysteme 84
Kubooktaeder 95
Kugelpackung 101

LAUE-Gruppen 73
LAUEsche-Bedingungen 42
LAVES-Phasen 120
Leerstelle 129
Lücken 101, 115
—, oktaedrische 114
—, tetraedrische 114

Mg-Typ 112
MILLER—BRAVAIS-Indizes einer Gittergeraden 50
— einer Netzebene 52
MILLERsche Indizes einer Gittergeraden in hexagonalen Kristallen 51
— einer Netzebene 28, 51

Netzebene 27, 51
Netzebenenabstand 35, 37
Netzenenbelegungsdichte 40
Netzebenenwinkel 38

nulldimensionale Fehlordnung 127

orthogonal 11

Packungsdichte 106
Parameter eines Gitterkomplexes 92
PAULINGsche Regeln 97
Periodizität 40
Perowskitstruktur 122
Phasengrenzen 142
Polyeder, regulär 95
Polyederpackung 97
Projektionssymmetrie 77
Punktdefekte 127
Punktfehler, atomare 127
—, elektronische 127
—, energetische 127
Punktgitter s. Gitter
Punktgruppe 71
Punkt spezieller Lage 87

Radienquotienten 101
Rationalitätsgesetz der Indizes 30
Raumerfüllung 106
Raumgitter 32
Raumgruppe 77
Realkristall 127
reziprokes Gitter 32
Rhombendodekaeder 96

SCHÖNFLIES-Symbole 74
SCHOTTKY-Defekte 132
Schraubenachse 63
—, neutrale 64
Schraubenversetzung 136
Schwarz-Weiß-Symmetrie 67
Seigerung 148
Silikate 98
Spinanordnung 67
Spinellstruktur 98
stereographische Projektion 69
Stapelfehler 144
Struktur s. Kristallstruktur
Strukturamplitude 44
Strukturargumente 86
Strukturberichte 109
Strukturfaktor 44
Strukturtabellen 124
Strukturtypen 108
Stufenversetzung 136
Symmetrie 8, 55
Symmetrieeigenschaften 55
Symmetrieelement 56
Symmetriegruppentabellen 125
Symmetrieoperation 56
Symmetrieoperationen, eigentliche 60
—, enantiomorphe 60
—, erster Art 60
—, kongruente 60
—, uneigentliche 60
— zweiter Art 60

Transformation 20, 53
Transformationsmatrizen 18, 53
Translationsgitter 9
Translationsgruppe 79
Translationskomponente 63
Translationsperiode 63
Translationssymmetrie 8, 40, 55
Tripel, primitives 15, 32

Valenzregel 97
Versetzung 135
—, unvollständige 135, 144
Volumen der reziproken Elementarzelle 35
VOLTERRA-Versetzung 135
Wachstumsreihen für Koordinationszahlen 100
WIGNER-SEITZ-Zelle 21

W-Typ 115
Wurtzittyp 118

Zähligkeit einer Drehachse 60
Zähligkeit des Gitterkomplexes 87
Zahl der Gitterpunkte in der Elementarzelle 15, 39
Zinkblendetyp 118
Zone 31, 38
Zonenachse 31, 38
zweidimensionale Fehlordnung 139
Zwillingsstapelfehler 144
Zwischengitteratom 130

Demnächst erscheint in der gleichen Reihe:

WERNER DÖPKE

Stereochemie organischer Verbindungen

1975. Etwa 150 Seiten — kl. 8° — 8,— M
Bestell-Nr. 762 131 4 (7151)

Begünstigt durch die Anwendung einer Reihe von neuen physikalischen Meßverfahren, hat sich die moderne Stereochemie in den vergangenen zehn Jahren stürmisch entwickelt. Dieser Erkenntnis versucht die Veröffentlichung Rechnung zu tragen, indem sie nach einem kurzen historischen Überblick mit der heutigen Erkenntnis der Isomerie an Einfach- und Doppelbindungen sowie an ringförmigen Verbindungen bekannt macht. Die Methoden zur Untersuchung und Bestimmung der Konfiguration und Konformation werden abgehandelt und die moderne Bezeichnungsweise, der im weiteren Sinne chiralen Verbindungen, an ausgesuchten Beispielen eingeführt. Zum Schluß werden auch das bisher noch weitgehend unbekannte Gebiet der präparativen Stereochemie sowie die neuesten Erkenntnisse der anorganischen Stereochemie in einem für alle verständlichen Maße behandelt.

Ihr Buchhändler hält alle Wissenschaftlichen Taschenbücher für Sie bereit!

AKADEMIE-VERLAG · BERLIN

Die Autoren

- bieten dem festkörperphysikalisch tätigen Studenten und Wissenschaftler eine gedrängte Darstellung der wichtigsten geometrischen Grundbegriffe der Kristallographie

- vermitteln neben den Grundlagen zur Charakterisierung des Kristallgitters und seinen Symmetrieeigenschaften auch Grundkenntnisse der Beschreibung von Kristallstrukturen

- gehen dann auf die in neuerer Zeit immer breitere Kreise interessierenden Störungen der idealen Kristallstruktur ein

- wenden sich an in der Praxis tätige Physiker, an Werkstoffwissenschaftler, an Chemiker, an Geowissenschaftler sowie an Kristallographen

WISSENSCHAFTLICHE TASCHENBÜCHER

www.ingramcontent.com/pod-product-compliance
Lightning Source LLC
LaVergne TN
LVHW092106300926
849161LV00002B/57